信息素养文库·高等学校信息技术系列课程规划教材

大学信息技术基础实践教程

主　编　姜玉蕾　刘新昱
副主编　胡建华　武小川　关　媛　古　锐

南京大学出版社

内容提要

　　本书作为大学计算机信息技术课程实践教材使用。全书共分 9 个单元的实验,包括 Windows 操作系统、Word 文字处理软件、Excel 电子表格处理软件、PowerPoint 演示文稿处理软件、Internet 应用基础、Photoshop 图像处理软件、Flash 动画制作软件、Access 数据库软件以及 Matlab 仿真软件。全书概念清晰,理论简明,知识新颖,材料实用,既与理论教材对应,又自成体系。

　　本书既符合计算机等级考试要求,又增添了与医药相关的知识介绍,特别适合作为医药类高等院校各专业及护校各专业的大学计算机信息技术课程的实验教材,同时,也可作为医药类研究生计算机应用基础课程的参考教材,还可作为医院医护人员、制药企业职工计算机知识能力培训使用教材。

图书在版编目(CIP)数据

大学信息技术基础实践教程 / 姜玉蕾, 刘新昱主编
. — 南京:南京大学出版社,2015.8(2017.1 重印)
　(信息素养文库. 高等学校信息技术系列课程规划教材)
高等学校信息技术系列课程规划教材
ISBN 978 - 7 - 305 - 15698 - 4

　Ⅰ. ①大… Ⅱ. ①姜… ②刘… Ⅲ. ①电子计算机—
高等学校—教材 Ⅳ. ①TP3

中国版本图书馆 CIP 数据核字(2015)第 195290 号

出版发行　南京大学出版社
社　　址　南京市汉口路 22 号　　　邮　编　210093
出 版 人　金鑫荣

丛 书 名　信息素养文库·高等学校信息技术系列课程规划教材
书　　名　大学信息技术基础实践教程
主　　编　姜玉蕾　刘新昱
责任编辑　惠　雪　苗庆松　　　编辑热线　025 - 83592146

照　　排　南京南琳图文制作有限公司
印　　刷　盐城市华光印刷厂
开　　本　787×1092　1/16　印张 17.25　字数 419 千
版　　次　2015 年 8 月第 1 版　2017 年 1 月第 4 次印刷
ISBN 978 - 7 - 305 - 15698 - 4
定　　价　34.8 元

网址:http://www.njupco.com
官方微博:http://weibo.com/njupco
官方微信号:njupress
销售咨询热线:(025) 83594756

前　言

计算机技术的飞速发展已引发新的一轮世界性技术革命。在经济发展越来越全球化、科技创新越来越国际化、知识经济已初见端倪的今天,任何一门技术或任何一个领域离开计算机都是不可想象的。掌握计算机基础操作已成为人们必备的技能。为了满足计算机基础课程的教学要求,我们组织了具有丰富教学经验的教师,编写了《大学信息技术基础》和《大学信息技术基础实践教程》两本教材。

本书作为《大学信息技术基础》的配套上机实验教材,是编者结合多年的教学经验,以《高等学校医药类计算机基础课程教学基本要求及实施方案》为蓝本,结合《全国计算机等级考试大纲(2013 年版)》及《江苏省高等学校计算机等级考试大纲(2015 年版)》相关要求而组织编写的实验教材。

本书通过大量丰富、翔实的实例由浅入深、循序渐进,并突出重点、难点,涵盖了Windows 操作系统、Word 文字处理软件、Excel 电子表格处理软件、PowerPoint 演示文稿处理软件、Internet 应用基础、Photoshop 图像处理软件、Flash 动画制作软件、Access 数据库软件以及 MATLAB 仿真软件共 9 个单元的实验内容。

本书采用"任务驱动"的编写方式,将每一章中需要掌握的知识点分解成几个比较完整的、具体的操作任务,然后根据任务要求,详细介绍操作方法和步骤,使读者能学以致用,利用所学知识完成具体的操作,对提高读者的操作水平有很大的帮助。每个实验后面还安排了"综合练习",使读者可以通过"综合练习"测试对章节内容的掌握情况,提高自己的综合运用能力。

本书编写得到了各级领导及专家的大力支持和帮助,编写过程中也参阅了大量的书籍,包括网络资源,书后仅列出了主要参考资料,在此一并表示感谢。由于编者经验有限,加之时间仓促,书中难免会有疏漏和不足之处,敬请广大读者批评指正!另外,为方便教学和自学,本书还附有"配套素材",读者可以直接向出版社索取,也可以直接和编者联系,E-mail:fengyunke8@126.com。

编　者
2015 年 7 月 15 日于南京

目　录

实验一　**Windows 7 操作系统** ……………………………………………………………… 1

　　任务一　键盘布局及指法练习 ………………………………………………………… 1

　　任务二　Windows 7 基本操作 ………………………………………………………… 5

　　任务三　Windows 7 文件操作 ………………………………………………………… 16

　　任务四　Windows 7 系统设置及附件的使用 ………………………………………… 22

　　任务五　综合练习 ……………………………………………………………………… 31

实验二　**Word 2010 文字处理** ……………………………………………………………… 33

　　任务一　文档基本编辑 ………………………………………………………………… 33

　　任务二　文档高级排版 ………………………………………………………………… 51

　　任务三　文档表格制作 ………………………………………………………………… 62

　　任务四　综合练习 ……………………………………………………………………… 71

实验三　**Excel 2010 电子表格** ……………………………………………………………… 76

　　任务一　工作表基本操作 ……………………………………………………………… 76

　　任务二　公式和函数使用 ……………………………………………………………… 85

　　任务三　数据管理与分析 ……………………………………………………………… 97

　　任务四　图表创建与使用 ……………………………………………………………… 105

　　任务五　综合练习 ……………………………………………………………………… 110

实验四　**PowerPoint 2010 演示文稿** ……………………………………………………… 112

　　任务一　演示文稿基本操作 …………………………………………………………… 112

　　任务二　演示文稿母版设计 …………………………………………………………… 123

　　任务三　动画与多媒体设置 …………………………………………………………… 131

　　任务四　综合练习 ……………………………………………………………………… 137

实验五　**Internet 应用基础** ………………………………………………………………… 139

　　任务一　网络状态的查看与设置 ……………………………………………………… 139

　　任务二　局域网内实现文件共享 ……………………………………………………… 144

　　任务三　使用浏览器浏览网页 ………………………………………………………… 148

　　任务四　搜索引擎的使用和信息的保存 ……………………………………………… 156

　　任务五　电子邮件的收发和电子邮件客户端软件的使用 …………………………… 166

　　任务六　综合练习 ……………………………………………………………………… 175

实验六　**Photoshop 图像处理** ……………………………………………………………… 176

　　任务一　Photoshop 基本图像处理功能——变脸特效 ……………………………… 176

任务二　Photoshop 基本图像处理功能——火焰文字 ……………… 180

任务三　Photoshop 医学图像功能处理 ……………………………… 183

任务四　综合练习 ……………………………………………………… 185

实验七　Flash 动画制作 …………………………………………………… 186

任务一　Flash 基本动画制作——补间动画 ………………………… 186

任务二　Flash 基本动画制作——轨迹动画 ………………………… 190

任务三　Flash 医学动画制作 ………………………………………… 192

任务四　综合练习 ……………………………………………………… 194

实验八　Access 2010 数据库 …………………………………………… 195

任务一　创建数据库 …………………………………………………… 195

任务二　数据库结构修改 ……………………………………………… 204

任务三　数据记录的增加以及约束规则的验证 ……………………… 206

任务四　数据库数据的查询 …………………………………………… 210

任务五　综合练习 ……………………………………………………… 213

实验九　MATLAB 应用基础 …………………………………………… 215

任务一　初识 MATLAB ……………………………………………… 215

任务二　数值计算 ……………………………………………………… 219

任务三　实验数据处理并作图 ………………………………………… 227

任务四　创建 M 文件 ………………………………………………… 233

任务五　MATLAB 数据分析与曲线拟合 …………………………… 237

任务六　图像处理 ……………………………………………………… 239

任务七　综合练习 ……………………………………………………… 241

附　录 …………………………………………………………………………… 243

附录一:全国计算机等级考试一级 MS Office 考试大纲(2013 年版) ……………… 243

附录二:全国计算机等级考试二级公共基础知识考试大纲(2013 年版) …………… 246

附录三:全国计算机等级考试二级 Visual Basic 语言程序设计考试大纲(2013 年版) …

…………………………………………………………………………………………… 248

附录四:全国计算机等级考试二级 C++ 语言程序设计考试大纲(2013 年版) …… 253

附录五:江苏省高等学校计算机等级考试一级计算机信息技术及应用考试大纲(2015

年版) ……………………………………………………………………………… 256

附录六:江苏省高等学校计算机等级考试二级 Visual Basic 考试大纲(2015 年版)

………………………………………………………………………………………… 259

附录七:江苏省高等学校计算机等级考试二级 Visual C++ 考试大纲(2015 年版)

………………………………………………………………………………………… 264

参考文献 ………………………………………………………………………… 268

实验一　Windows 7 操作系统

一、实验目的

1. 掌握计算机常见设备(键盘、鼠标等)的基本操作。
2. 了解 Windows 的基本功能和作用。
3. 熟练掌握窗口、对话框、菜单等 Windows 基本元素的操作。
4. 熟练掌握 Windows 的文件管理。
5. 掌握 Windows 常用附件(画图、记事本等)的使用。
6. 掌握"控制面板"中常用资源的设置。

二、实验内容与步骤

任务一　键盘布局及指法练习

具体要求如下：
(1) 熟悉键盘布局及各按键的功能。
(2) 了解键盘操作时的正确姿势。
(3) 掌握基本指法以及汉字输入法。

1. 键盘布局及各键的功能

键盘是计算机使用者向计算机输入数据或命令的最基本的设备。键盘上按键的数量最初标准是 101 个,而现在常用的 Windows 键盘是 104 个按键,分别排列在 4 个区间:主键盘区、功能键区、编辑键区、辅助键区,如图 1-1 所示。

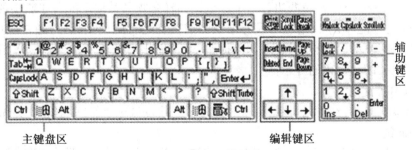

图 1-1　键盘示意图

现将键盘的分区以及一些常用键的操作进行说明。

1) 主键盘区

主键盘区是键盘的主要组成部分,其键位排列与标准英文打字机的键位排列相同。该键区包括有数字键、字母键、常用运算符以及标点符号键,除此之外还有几个必要的控制键。

下面对这几个常用的按键做简单介绍。

(1) 空格键

键盘上最长的条形键。每按一次该键,将在当前光标的位置上空出一个字符的位置。

(2) Enter 键

每按一次该键,将换到下一行的行首输入。即按下该键后,表示输入的当前行结束,以后的输入将另起一行;或在输入完命令后,按下该键,则表示确认命令并执行。

(3) [Caps Lock]锁定键

该键是一个开关键,用来转换字母大小写状态。每按一次该键,键盘右上角标有 Caps Lock 的指示灯会由亮转灭或由灭变亮。

① 如果 Caps Lock 指示灯亮,则键盘处于大写字母锁定状态。这时直接按下字母键,则输入为大写字母;如果按住 Shift 键的同时,再按字母键,输入的反而是小写字母。

② 如果 Caps Lock 指示灯不亮,则大写字母锁定状态被取消。

(4) [Shift]上档键

上档键在打字键区共有 2 个,分别在主键盘区(从上往下数,下同)第四行左右两边对称的位置上。

对于双字符键(键面上标有两个符号的键,也称上下档键),直接按下这些键时,所输入的是该键键面下半部所标符号;如果按住 Shift 键同时再按下双字符键,则输入键面上半部所标的那个符号。例如,Shift+⌨=&。

(5) [BackSpace]退格删除键

在主键盘区的右上角。每按一次该键,将删除当前光标位置的前一个字符。

(6) [Ctrl]控制键

在主键盘区第五行,左右两边各一个。该键必须和其他键配合才能实现各种功能,这些功能是在操作系统或其他应用软件中进行设定的。例如,Ctrl+C(复制)、Ctrl+X(剪切)、Ctrl+V(粘贴)。

(7) [Alt]换档键

在主键盘区第五行,左右两边各一个。该键同样必须和其他键配合才能实现各种功能。例如,Alt+F4组合键,用于快速退出或者结束当前正在运行的应用程序,通常应用程序会提示用户是否保存当前已变更的操作;如无提示,通常退出后修改不被保存。作用于桌面时,也可用于调出关闭计算机的提示框。

(8) [Tab]制表键

在主键盘区第二行左首。该键用来将光标向右跳动 8 个字符间隔(除非另做改变)。

(9) Win 键

该键位于键盘最左下角 Ctrl 键的右边,按键上有一个 Window 视窗的图标。按下此键将弹出开始菜单,也可和其他键组成组合键。例如,Win+R(打开运行窗口)、Win+E(打开资源管理器)、Win+F(打开搜索窗口)、Win+M(最小化所有窗口)。

2）功能键区

（1）[ESC]取消键或退出键

在 Windows 7 操作系统和应用程序中，该键经常用于退出某一程序的运行或正在执行的命令。

（2）[F1]～[F12]功能键

在计算机系统中，这些键的功能由 Windows 7 操作系统或应用程序定义。例如，按下 F1 键将显示当前程序或者 Windows 的帮助内容；如果在资源管理器中选定一个文件或文件夹并按下 F2 键，将会对该文件或文件夹重命名。

（3）[Print Screen]屏幕硬拷贝键

在打印机已联机的情况下，按下该键可以将计算机屏幕的显示内容通过打印机输出。

（4）[Pause]或[Break]暂停键

按下该键，能使得计算机正在执行的命令或应用程序暂时停止工作，直至按下键盘中任意一个键继续。另外，Ctrl＋Break 组合键，可中断命令的执行或程序的运行。

3）编辑键区

（1）[Insert]插入字符开关键

按一次该键，进入字符插入状态；再按一次，则取消字符插入状态。

（2）[Delete]或[Del]字符删除键

按一次该键，可以把当前光标所在位置后面的字符删除掉。

（3）[Home]行首键

按一次该键，光标会移至当前行的开头位置。

（4）[End]行尾键

按一次该键，光标会移至当前行的末尾。

（5）[Page Up]或[Pg Up]向上翻页键

用于浏览当前屏幕显示的上一页内容。

（6）[Page Down]或[Pg Dn]向下翻页键

用于浏览当前屏幕显示的下一页内容。

（7）← ↑ → ↓ 光标移动键

使光标分别向左、向上、向右、向下移动一格。

4）辅助键区（又称小键盘区）

辅助键区主要是为大量的数据输入提供方便。该键区位于键盘的最右侧。在小键盘区上，大多数键都是上下挡键，它们一般具有双重功能：一是代表数字键；二是代表编辑键。小键盘的转换开关键是[Num Lock]键（数字锁定键）。

[Num Lock]数字锁定键，该键是一个开关键。每按下一次该键，键盘右上角标有 Num Lock 的指示灯会由亮转灭或由灭转亮。如果 Num Lock 指示灯亮，则小键盘的上下挡键作为数字符号键来使用，否则具有编辑键区的功能。

2. 键盘操作时的正确姿势

在初学键盘操作时，必须注意打字的姿势。如果打字姿势不正确，就不能准确快速地输入内容，也容易疲劳。正确的姿势应做到：

（1）坐姿要端正，腰要挺直，肩部放松，两脚自然平放于地面。

（2）手腕平直，两肘微垂，轻轻贴于腋下，手指弯曲自然适度，轻放在基本键上。

（3）原稿放在键盘左侧，显示器放在打字键的正后方，视线要投注在显示器上，不可常看键盘，避免视线在显示器和键盘间不停切换，减少眼睛的疲劳。

（4）座椅的高低应调至适应的位置，以便于手指击键。

3. 键盘指法

键盘指法是指如何运用十个手指击键的方法，即规定每个手指分工负责击打哪些按键，以充分调动十个手指的作用，并实现不看键盘地输入（盲打），从而提高击键的速度。

1）键位及手指分工

键盘的"A、S、D、F"和"J、K、L、；"这 8 个键位定为基本键。输入时，左右手的 8 个手指头（大拇指除外）从左至右自然平放在这 8 个键位上，如图 1-2 所示。

> **说明**
>
> 大多数键盘的"F""J"键面有一点不同于其余各键：触摸时，这两个键键面均有一道明显的微凸的横杠，这是用于盲打时基本键定位的。

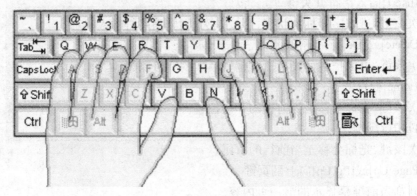

图 1-2　基本键位示意图

键盘的打字键区分成左右两个部分，左手击打左部，右手击打右部，且每个字键都有固定的手指负责，如图 1-3 所示。

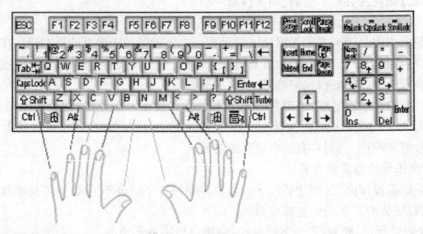

图 1-3　手指分工示意图

（1）左手的食指负责"4、5、R、T、F、G、V、B"键；左手的中指负责"3、E、D、C"键；左手的无名指负责"2、W、S、X"键；左手的小拇指负责"1、Q、A、Z"及其侧的所有键位。

（2）右手的食指负责"6、7、Y、U、H、J、N、M"键；右手的中指负责"8、I、K"键；右手的无名指负责"9、O、L"键；右手的小拇指负责"0、P、；、/"及其右侧的所有键位。

击打任何键位，只需把手指从基本键位移到相应的键上，正确输入后，再返回基本键位即可。十指分工，各司其职，实践证明能有效提高击键的准确和速度。

2）正确的击键方法

掌握了正确的操作姿势，还要有正确的击键方法。初学者要做到：

（1）各手指要放在基本键上。打字时，每个手指只负责相应的几个键，不可混淆。

（2）打字时，一手击键，另一手必须在基本键上处于预备状态。

（3）手腕平直，手指弯曲自然，击键只限于手指指关节，身体其他部位不得接触工作台或键盘。

（4）击键时，手抬起，只有要击键的手指才可伸出击键。击键之后手指要立刻回到基本键上，不可停留在已击的按键上。

（5）击键速度要均匀，用力要轻，有节奏感，不可用力过猛。

3）训练方法

打字是一种技术，只有通过大量的打字训练实践才可能熟记各键的位置，从而实现盲打。经过实践，以下方法是有效的：

（1）步进式练习。先练习基本键"A、S、D、F"及"J、K、L、；"，做一批练习；补齐基本行的"G、H"键，做一批练习；然后再依次加上"R、T、Y、U"键→"V、B、N、M"键→"W、E、I、O"键→"X、C、，、。"→"Q、P、Z、/"键进行练习。

（2）重复式练习。练习中可选择一些英文词句或短文，反复练习多次，并记录自己完成的时间。

（3）强化式练习。相对功能较弱的手指所负责的键要进行有针对性的练习，如小指、无名指等。

（4）坚持训练盲打。在训练打字过程，应先讲求准确地击键，不要贪图速度。一开始，键位记不准，可稍看键盘，但不可总是偷看键盘。经过一定时间的训练，能达到不看键盘也能准确击键。

任务二　Windows 7基本操作

具体要求如下：

（1）掌握鼠标的基本操作。

（2）了解桌面主题的设置。

（3）掌握窗口和菜单的基本操作。

（4）掌握任务栏的使用和设置。

（5）掌握创建快捷方式的方法。

（6）掌握"开始"菜单的常用功能。

1. 鼠标的使用

（1）指向。将鼠标依次指向任务栏上每一个图标，如将鼠标指向桌面右下角"时钟"图标显示计算机系统日期。

（2）单击。单击用于选定对象。单击桌面左下角【开始】按钮，打开"开始"菜单；将鼠标单击桌面上的"计算机"图标，图标颜色变浅，说明选中了该图标。

（3）拖动。按下鼠标左键不要松开，将桌面上的"计算机"图标移动到新的位置。如释放鼠标后，图标返回初始位置，则应在桌面空白处右击，在快捷菜单的【查看】菜单中，单击"自动排列图标"命令，将该命令前的对勾去除。

（4）双击。双击用于执行程序或打开窗口。双击桌面上的"计算机"图标，即打开"计算机"窗口，双击某一应用程序图标，即启动某一应用程序。

（5）右击。右击用于调出快捷菜单。右击桌面左下角【开始】按钮，或右击任务栏上空白处、右击桌面上空白处、右击"计算机"图标，右击一文件夹图标或文件图标，都会弹出不同的快捷菜单。

2. 桌面主题的设置

在桌面任一空白位置右击鼠标，在弹出的快捷菜单中选择"个性化"命令，出现"个性化"设置窗口，如图1-4所示。

1）设置桌面主题

选择一个您喜欢的桌面主题，并观察桌面主题的变化。然后单击【保存主题】，保存该主题为"我喜欢的主题"。

2）设置窗口颜色

单击图1-4下方的【窗口颜色】，打开如图1-5所示"窗口颜色和外观"窗口，选择一种窗口的颜色，如"大海"，观察桌面窗口边框颜色的从原来的灰褐色变为了浅蓝色，单击【保存修改】按钮。

图1-4 个性化设置窗口

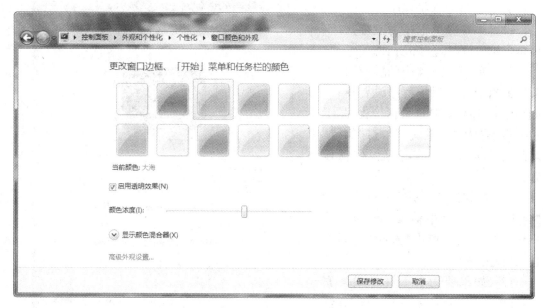

图 1-5　"窗口颜色和外观"设置界面

3）设置桌面背景

单击图 1-4 中的【桌面背景】，再单击某个图片，使其成为您的桌面背景，或选择多个图片创建一个幻灯片，系统将每隔一段时间自动更改您的桌面背景。设置"更改图片时间间隔"为 10 分钟，并勾选"无序播放"复选框，单击【保存修改】按钮。如图 1-6 所示。

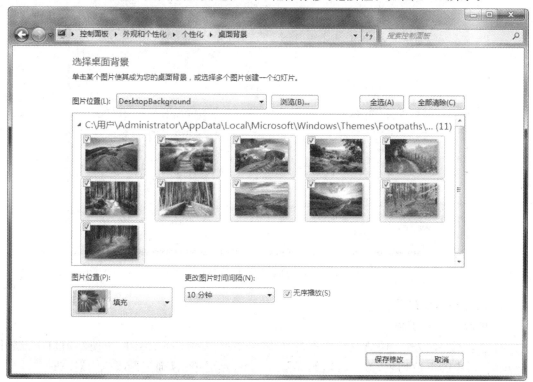

图 1-6　桌面背景设置窗口

4）设置屏幕保护程序

设置屏幕保护程序为三维文字，屏幕保护等待时间为5分钟。

（1）单击图1-4中的【屏幕保护程序】，出现屏幕保护程序设置窗口，如图1-7所示，在"屏幕保护程序"下拉列表中选择"三维文字"，将"等待"时间设置为"5分钟"，然后单击【设置】按钮。

（2）在如图1-8所示对话框的"自定义文字"框中输入"Windows 7操作系统"，然后单击【选择字体】按钮，选择需要的字体。

（3）如果要为屏幕保护设置密码，在图1-7所示窗口中勾选"在恢复时显示登陆屏幕"复选框。

图1-7　屏幕保护程序设置窗口

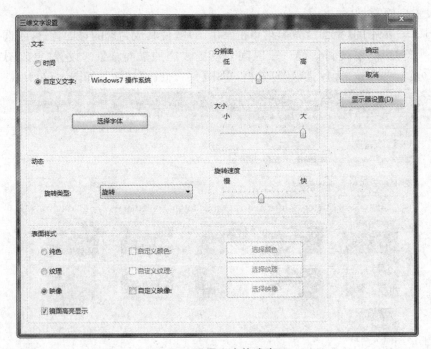

图1-8　设置文字格式窗口

3. 设置屏幕分辨率及窗口显示字体

1）更改屏幕分辨率

右击桌面空白处，在快捷菜单中执行"屏幕分辨率"命令，在如图1-9所示窗口中，展开"分辨率"栏中的下拉列表，设置合适的屏幕分辨率，然后单击【确定】或【应用】按钮。

图 1‑9　设置屏幕分辨率窗口

2）设置窗口显示字体

在图 1‑9 所示窗口中，单击下方的"放大或缩小文本和其他项目"，在如图 1‑10 所示的窗口中，选择"较大（L）‑150％"，然后单击【应用】按钮。

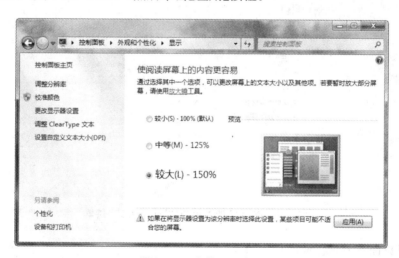

图 1‑10　字体设置窗口

该设置生效后，右击桌面空白处，会发现弹出的快捷菜单字体和颜色都发生了改变；打开资源管理器或 Word 文档等，也会发现菜单字体和颜色都发生了改变。

4. 桌面图标设置及排列

1）在桌面显示控制面板图标

在"个性化"设置窗口（图 1‑4）中选择"更改桌面图标"，出现如图 1‑11 所示对话框，勾选"控制面板"复选框，然后单击【确定】或【应用】按钮。

图 1-11 桌面图标设置对话框

2）将桌面图标按"名称"排列

右击桌面空白处，在快捷菜单中执行"排序方式"→"名称"命令，如图 1-12 所示。

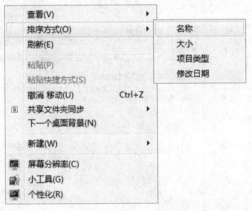

图 1-12 桌面快捷菜单中的"排序方式"菜单

3）设置桌面不显示任何图标

右击桌面空白处，在快捷菜单中执行"查看"→"显示桌面图标"命令，如图 1-13 所示，将"显示桌面图标"项前面的勾去除，桌面上的所有图标都不显示。

5. 对 Windows 7 窗口进行操作

1）Windows 7 窗口操作

双击桌面上"计算机"图标，打开"计算机"窗口，进行如下操作：

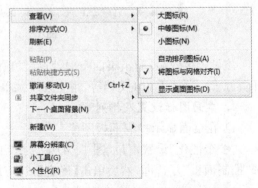

图 1-13 桌面快捷菜单中的"查看"菜单

（1）单击窗口右上角的三个按钮，实现最小化、最大化/还原和关闭窗口操作；

（2）拖动窗口边框或窗口角，调整窗口大小；

（3）单击标题栏不要松开鼠标左键并移动窗口位置，双击标题栏，最大化窗口或还原窗口。

（4）通过 Aero Snap 功能调整窗口，窗口最大化（Win+向上箭头），窗口靠左显示（Win+向左箭头），靠右显示（Win+向右箭头），还原或窗口最小化（Win+向下箭头）；

（5）单击工具栏中【组织】工具按钮，单击或指向下拉列表中的"布局"命令，在子列表中依次勾选或去选"菜单栏""细节窗格""预览窗格""导航窗格"，观察"计算机"窗口格局的变化；

（6）按 Alt+F4 组合键关闭窗口。

2）使用 Windows 7 窗口的地址栏

（1）在"计算机"窗口的导航窗格（左窗格）中选择"C:\用户"文件夹，在地址栏中单击"用户"右边的箭头按钮，可以打开"用户"目录下的所有文件夹，如图 1 - 14 所示，选择一个文件夹，如"公用"，即可打开"公用"文件夹。

图 1 - 14　Windows 7 窗口中的地址栏

（2）在地址栏空白处单击，箭头按钮会消失，路径会按传统的文字形式显示。

（3）在地址栏的右侧，还有一个向下的箭头按钮，单击该按钮，可以显示曾经访问的历史记录。

（4）利用窗口左上角的【返回】和【前进】按钮，单击【返回】按钮，可以回到上一个浏览位置，单击【前进】按钮，可以重新进入之前所在的位置。

3）使用收藏夹

在"计算机"窗口中选择"C:\用户"文件夹，右击导航窗格的"收藏夹"，在弹出的快捷菜单中执行"将当前位置添加到收藏夹"命令，如图 1 - 15 所示，或直接将文件夹拖到收藏夹下方的空白区域，"C:\用户"文件夹的快捷方式就会出现在收藏夹中。

图 1-15　"收藏夹"快捷菜单

6. 任务栏的设置

右击任务栏空白处,在快捷菜单中执行"属性"命令,出现如图 1-16 所示窗口。

1) 设置任务栏的自动隐藏功能

勾选"自动隐藏任务栏"复选框,然后单击【应用】或【确定】按钮,当鼠标离开任务栏时,任务栏会自动隐藏。

2) 移动任务栏

设置"屏幕上的任务栏位置"为"左侧",将任务栏移动至桌面左侧。

图 1-16　任务栏和开始菜单对话框

3) 改变任务栏按钮显示方式

打开多个相同类型的窗口,默认情况下,"任务栏按钮"为"始终合并、隐藏标签"状态,改变"任务栏按钮"显示方式为"从不合并",观察任务栏图标显示方式有何不同。

4) 在通知区域显示 U 盘图标

当电脑外接了移动设备,如 U 盘,默认情况下,U 盘的图标处于隐藏状态。单击图 1-16

"通知区域"栏中的【自定义】按钮,在如图 1-17 所示窗口中设置"Windows 资源管理器"项为"显示通知和图标"状态,U 盘图标就会显示在通知区域。

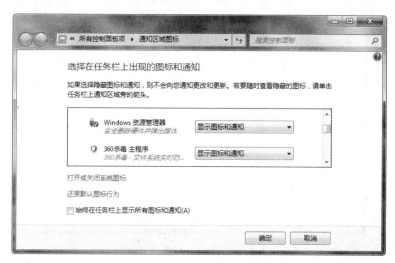

图 1-17　通知区域图标设置窗口

5) 将程序锁定到任务栏

打开 IE 浏览器,右击任务栏上的"IE 浏览器"图标,在快捷菜单中执行"将此程序锁定到任务栏"命令,即可将 IE 程序锁定到任务栏,如图 1-18 所示。当关闭 IE 浏览器后,任务栏上仍然显示"IE 浏览器"图标,单击该图标就可以打开 IE 浏览器。

图 1-18　将程序锁定到任务栏菜单

7. 创建桌面快捷方式

在桌面上创建一个指向画图程序(mspaint.exe)的快捷方式,有 2 种方法。

方法 1:右击桌面空白处,在桌面快捷菜单中执行"新建"→"快捷方式"命令,打开"创建快捷方式"对话框,在"请键入项目的位置"框中,键入 mspaint.exe 文件的路径"C:\ Windows\ system32\ mspaint.exe"(或通过"浏览"选择),如图 1-19 所示,单击【下一步】按钮,在"键入该快捷方式的名称"框中,输入"画图",再单击【完成】按钮,如图 1-20 所示。

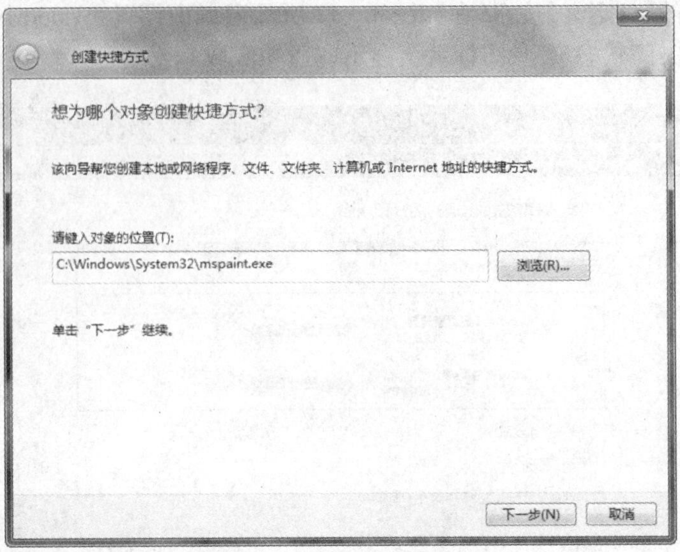

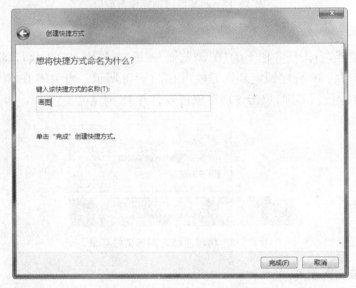

图 1-19　创建快捷方式对话框(1)

图 1-20　创建快捷方式对话框(2)

　　方法 2：在资源管理器窗口中选定文件"C:\windows\system32\mspaint.exe"，用鼠标右键拖动该文件至"桌面"，在松开鼠标右键的同时弹出一个快捷菜单，执行"在当前位置创建快捷方式"命令；也可以按下 Alt 键，同时用鼠标拖动该文件至"桌面"，出现"在桌面创建链接"图标，松开鼠标左键。右击所建快捷方式图标，在快捷菜单中执行"重命名"命令，将快捷方式名称改为"画图"。

　　8. 创建桌面小工具

　　右击桌面，在快捷菜单中执行"小工具"命令，出现如图 1-21 所示桌面小工具窗口，选择"日历"图标，双击、拖动或在右击弹出的快捷菜单中执行"添加"命令，都可以将该项添加到桌面。

图 1‑21　桌面小工具窗口

9."开始"菜单程序列表的使用

1）程序列表的使用

打开"开始"菜单的"所有程序"列表,找到"Microsoft Office"→"Microsoft Word 2010"命令,单击运行一次。再次打开"开始"菜单,"Microsoft Word 2010"已经出现在程序列表中。

（1）锁定程序项。在程序列表中右击"Microsoft Word 2010",在快捷菜单中选择"附到[开始]菜单"命令,即可将"Microsoft Word 2010"程序项锁定到上端固定程序列表项中,如图 1‑22 所示。

图 1‑22　"开始"菜单中的程序项

（2）解锁程序项。右击锁定的"Microsoft Word 2010"程序列表项,在快捷菜单中执行"从【开始】菜单解锁"命令,即可解锁该程序项,返回程序列表下端显示。

2) 利用"搜索"框搜索

在"开始"菜单下方搜索框中键入"记事本",然后按 Enter 键,搜索结果显示在搜索框上方,列表中包含记事本程序以及其他包含"记事本"的文档,单击"记事本"程序列表项,即可打开"记事本"程序。

任务三　Windows 7 文件操作

具体要求如下:

(1) 了解资源管理器的功能及组成。

(2) 掌握文件及文件夹的概念。

(3) 掌握文件夹属性的设置及查看方式。

(4) 掌握文件及文件夹的使用,包括新建、复制、移动、删除、恢复等操作。

(5) 掌握文件和文件夹的搜索。

1. 打开资源管理器

右击桌面左下角【开始】按钮,在出现的快捷菜单中选择"Windows 资源管理器"命令,打开资源管理器窗口,也可以通过单击任务栏中的图标 或执行"开始"菜单中的"所有程序"→"附件"→"Windows 资源管理器"命令打开资源管理器。如图 1 - 23 所示。

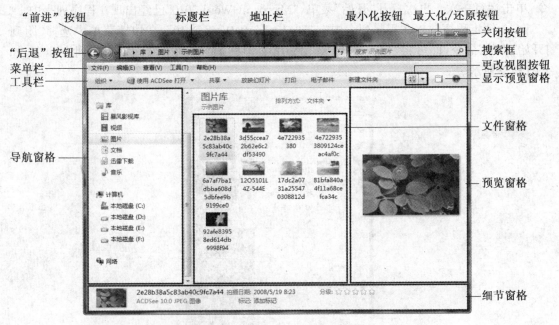

图 1 - 23　Windows 资源管理器窗口

2. 设置文件及文件夹的显示和排列方式

1) 改变文件夹及文件的显示方式

在资源管理器中打开"查看"菜单,或右击资源管理器右侧文件窗格的空白处,指向或单击"查看"菜单,分别选择"大图标""中等图标""小图标""平铺""内容""列表""详细信息"菜单项,观察文件夹及文件的排列方式如何改变。

2) 改变文件夹及文件的图标排列方式

执行"查看"菜单→"排序方式"命令,或右击资源管理器右侧文件窗格的空白处,在快捷菜单中执行"排序方式"命令,依次选择按"名称"或"大小""类型"等,图标的排列顺序随之改变。

3. 新建文件夹

在 D 盘根目录上新建一个名为"OS"的文件夹,再在"OS"文件夹下新建两个并列的二级文件夹,其名为"OS1"和"OS2"。

(1) 方法 1:打开资源管理器,在导航窗格选定"D:\"为当前路径,在右窗格,执行"文件"菜单→"新建"→"文件夹"命令,右窗格出现一个新建文件夹,名称为"新建文件夹"。将"新建文件夹"改名为"OS"即可。

(2) 方法 2:打开资源管理器,在导航窗格选定"D:\"为当前路径,右击右窗格任一空白处,在弹出的快捷菜单中执行"新建"→"文件夹"命令,右窗格出现一个新建文件夹,名称为"新建文件夹"。将"新建文件夹"改名为"OS"即可。

双击"OS"文件夹,进入该文件夹,用上述同样方法创建文件夹"OS1"和"OS2"。

4. 复制、剪切、移动文件

1) 在 D 盘中任选 3 个不连续的文件,将它们复制到刚刚建立的"OS"文件夹中。

(1) 方法 1

① 选中 3 个不连续的文件:按住 Ctrl 键不要松开,单击 3 个不连续的文件(或文件夹),使用此方法可同时选中多个不连续的文件(或文件夹)。

② 复制文件:执行"编辑"菜单→"复制"命令,或者右击选中的文件(或文件夹),在快捷菜单中执行"复制"命令,也可以按 Ctrl+C 组合键实现。

③ 粘贴文件:进入"OS"文件夹,执行"编辑"菜单→"粘贴"命令,或者右击文件窗格任意空白处,在快捷菜单中执行"粘贴"命令,也可以按 Ctrl+V 组合键,即可将复制的文件粘贴到当前文件夹中。

(2) 方法 2

① 打开导航窗格的 D 盘文件目录,使目标文件夹"OS"在导航窗格可见;

② 选中 3 个不连续文件:按住 Ctrl 键,拖动选中的文件到导航窗格目标文件夹"OS"。

> **注意**
>
> (1) 如果源文件和目标文件在同一磁盘,直接拖动文件是移动该文件,按住 Ctrl 键拖动文件是复制该文件。
>
> (2) 如果源文件和目标文件不在同一磁盘,直接拖动文件是复制该文件,按住 Shift 键拖动文件是移动该文件。

2) 在 D 盘中任选 3 个连续的文件,将它们复制到"D:\OS\OS1"文件夹中

(1) 选中多个连续的文件:按住 Shift 键,单击需复制的第一个文件及最后一个文件,即可同时选中这两个文件之间的所有文件。

(2) 用 1)中所述方法复制将被选中的文件复制到"OS1"文件夹中。

5. 查看并设置文件和文件夹的属性

右击文件夹"OS2",在快捷菜单中执行"属性"命令,或者按住 Alt 键双击"OS2"文件夹图

标,都将弹出"OS2 属性"对话框,在"常规"选项卡中,可以看到类型、位置、大小、占用空间、包含的文件夹及文件数等信息,如图 1-24 所示。勾选窗口中的"只读"复选框,"OS2"文件夹成为只读文件;勾选"隐藏"复选框,"OS2"成为隐藏文件。

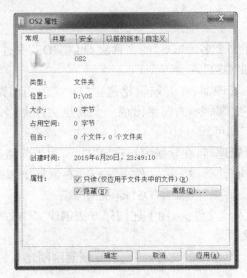

图 1-24 文件属性窗口

6. 控制窗口内显示/不显示隐藏文件(夹)

在资源管理器窗口,执行"工具"菜单→"文件夹选项"命令,在打开的"文件夹选项"对话框中,单击"查看"选项卡,如图 1-25 所示,在"隐藏文件和文件夹"下选择"不显示隐藏的文件、文件夹或驱动器",单击【确定】按钮。打开"OS"文件夹,"OS2"文件夹不可见。

在图 1-25 中选择"显示隐藏的文件、文件夹或驱动器",单击【确定】按钮,再次打开"OS"文件夹,"OS2"文件夹可见并呈现为半透明状态。

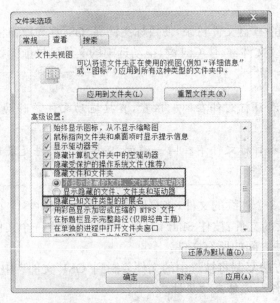

图 1-25 "文件夹选项"对话框

7. 文件的重命名

1）更改主文件名

打开"OS"文件夹，右击任意空白处，在快捷菜单中执行"新建"→"文本文档"命令，产生一个新文件，名为"新建文本文档"，而且文件名处于编辑状态，输入新文件名"SY1"，按 Enter 键确认（文件的全名为"SY1.txt"）。

单击鼠标选中文件"SY1.txt"，在文件名处再单击，文件名进入编辑状态，此时可再次修改文件名。

2）更改扩展名

在如图 1-25 所示的窗口中，单击"隐藏已知文件类型的扩展名"选项去除勾选，资源管理器中将显示文件的全名（主文件名＋扩展名），此时即可修改文件的扩展名（文件类型），例如：可将"SY1.txt"改名为"SY1.docx"。

说明

Windows 文件的名称由主文件名和扩展名两部分组成。扩展名表示文件的格式类型。Windows 就是通过文件的扩展名来识别文件。Windows 文件命名应遵循以下规则。

（1）文件名不区分大小写，但在显示时可以保留大小写格式。

（2）文件名中不能包含下列字符："\ ""/"" : ""* ""?""""""< """>""| "。

（3）文件名长度（包括主文件名和扩展名在内）西文字符不得超过 255 个，中文字符不得超过 127 个。

（4）文件名中可以使用空格，但空格不可以作为文件名的开头字符或单独作为文件名。

（5）文件名可以使用多分隔符的名字，但只有最后一个分隔符后面的部分是文件的扩展名。例如，"My Picture.gif.bmp.jpg"是主文件名为"My Picture.gif.bmp"的 jpg 格式图片。

---

8. 文件及文件夹的删除与恢复

1）删除文件至"回收站"

（1）打开"OS"文件夹，选中文本文件"SY1.txt"。

（2）按 Delete 键或执行"文件"菜单→"删除"命令，还可以右击文件"SY1.txt"，在弹出的快捷菜单中执行"删除"命令，显示确认删除信息框，单击【是】按钮，确认删除。

2）删除文件夹"D:\OS\OS2"

操作步骤同 1），但对象文件夹在导航窗格和文件窗格均可选择。

3）从"回收站"恢复被删除的文件和文件夹

（1）双击桌面上的"回收站"图标打开回收站，选中文件"SY1.txt"。

（2）执行"文件"菜单→"还原"命令，或右击文件"SY1.txt"，在弹出的快捷菜单中执行"还原"命令，即可恢复被删除的文件"SY1.txt"；同理，可恢复被删除的文件夹"OS2"。

4）彻底删除一个文件或文件夹

选中待删除的文件（夹），按 Shift+Delete 组合键，在打开的确认删除对话框中单击【是】按钮，即可彻底删除该文件（夹）。

9. 文件和文件夹的搜索

1）设置搜索方式

在资源管理器窗口中工具栏中，单击【组织】工具按钮，在下拉列表中，执行"文件夹和搜索选项"命令，弹出"文件夹选项"对话框，单击"搜索"选项卡，如图 1-26 所示。

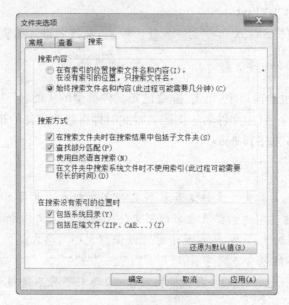

图 1-26 文件夹选项对话框

在"搜索内容"栏选中"始终搜索文件名和内容"单选按钮，在"搜索方式"栏勾选"在搜索文件夹时在搜索结果中包括子文件夹"和"查找部分匹配"复选框，将可以根据文件名或文件内容进行文件搜索。

2）搜索 D 盘及其子文件夹下所有文件名以"SY"开头的文本文件（扩展名为".txt"）

打开资源管理器，在导航窗格选择 D 盘，在窗口右上角的搜索栏中输入"SY* .txt"，搜索结果显示在右侧窗口，如图 1-27 所示。

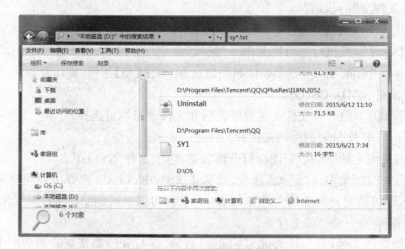

图 1-27 按文件名搜索结果

> **说明**
>
> 　　Windows 下搜索文件有两个常用的通配符,分别是星号"*"和问号"?"。
> 　　(1)"*"可以在文件中代表任意的字符串。例如,搜索文件"*.doc",就可以搜索到系统中所有以".doc"作为后缀的文件。搜索文件内容为"*ese",就可以搜索以"ese"结尾的所有单词。
> 　　(2)"?"可以代表文件中的一个字符。例如,搜索文件名第 3 个字符为"s"的所有文本文件,搜索栏中应输入"??s*.txt"。

　　3) 搜索"OS"文件夹及其子文件夹下所有包含文字"Operating System"且文件大小超过 10 KB、修改日期在"2015 - 6 - 1"至"2015 - 6 - 22"之间的文本文件(扩展名为".txt")

　　(1) 在资源管理器的导航窗格选择"D:\OS"文件夹,在搜索框中输入"Operating System",如图 1 - 28(a)所示。

　　(2) 在图 1 - 28(a)中"添加搜索筛选器"下方选择"大小"为"微小(0~10 KB)",如图 1 - 28(b)所示。

　　(3) 在图 1 - 28(a)中"添加搜索筛选器"下方选择"修改日期"为 2015 - 6 - 1 至 2015 - 6 - 22,方法是:首先选择"2015 - 6 - 1",按住 Shift 键,再选择"2015 - 6 - 22",如图 1 - 28(c)所示。

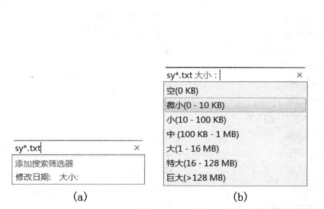

| (a) | (b) | (c) |

图 1 - 28　添加筛选条件

　　(4) 搜索结果显示在右侧窗口,如图 1 - 29 所示。

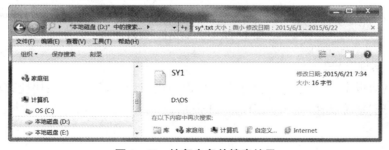

图 1 - 29　按复合条件搜索结果

任务四　Windows 7 系统设置及附件的使用

具体要求如下：

（1）掌握"控制面板"中常用功能的设置。

（2）掌握添加和删除应用程序的方法。

（3）掌握 Windows 常用附件的使用。

1. 控制面板的使用

控制面板是 Windows 图形用户界面一部分，它允许用户查看并操作基本的系统设置和控制。例如，添加硬件、添加/删除软件、控制用户账户、更改辅助功能选项等等。

打开"开始"菜单，执行"控制面板"命令，打开"控制面板"窗口，如图 1 - 30 所示，是以"小图标"方式显示的控制面板窗口。

图 1 - 30　"控制面板"窗口

1）查看"系统"设置

单击控制面板中的"系统"图标（或者在桌面右击"计算机"图标，在快捷菜单中执行"属性"命令），出现"系统属性"窗口，如图 1 - 31 所示。

图 1-31　"系统属性"窗口

可以在该窗口查看并更改基本的系统设置。例如,显示用户计算机的常规信息、编辑位于工作组中的计算机名、管理并配置硬件设备、启用自动更新等。

2) 添加或删除程序

在控制面板窗口中单击"程序和功能"图标,进入"程序和功能"窗口。此时用户可以从系统中删除或更改程序。"程序和功能"窗口也会显示程序名称、发布者、安装时间、程序大小以及版本,如图 1-32 所示。

图 1-32　"程序和功能"窗口

如果需要卸载一个已经安装的应用程序,则要选中该程序,单击【卸载/更改】按钮即可按提示的步骤卸载一个应用程序。

3) 设置"用户账户"

在控制面板窗口中单击"用户账户"图标,进入"用户账户"窗口,如图 1-33 所示。

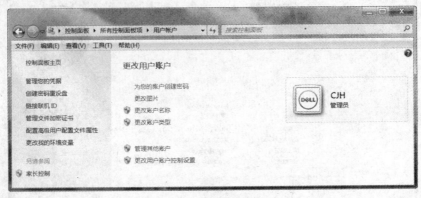

图 1-33 "用户账户"窗口

(1) 为当前账户创建密码

执行图 1-33 中的"为您的账户创建密码"命令,出现如图 1-34 所示"创建密码"窗口,在对应的文本框中输入密码及密码提示,然后单击【创建密码】按钮,下次登录时密码启用。

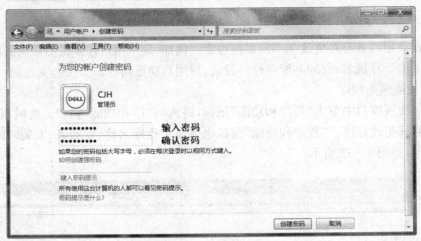

图 1-34 "创建密码"窗口

(2) 创建一个新账户

执行图 1-33 中的"管理其他账户"命令,出现如图 1-35 所示的"管理账户"窗口,执行"创建一个新账户"命令,出现如图 1-36 所示"创建新账户"窗口,输入新账户的名称(例如,Admin002),选择账户的类型(例如,标准用户),然后单击【创建账户】按钮。

图 1-35　"管理账户"窗口

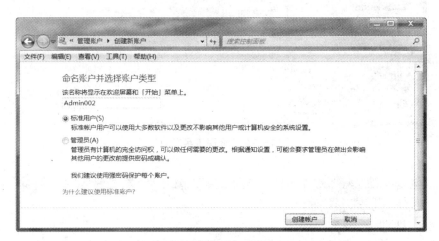

图 1-36　"创建新账户"窗口

创建了一个新账户后，可以给该账户设置密码，也可以更改账户名称。

（3）删除账户

① 方法 1。在图 1-35 所示窗口中单击需要删除的账户（例如，Admin001），打开"更改账户"窗口，如图 1-37 所示，执行"删除账户"命令即可，但不能删除第一个创建的计算机管理员账户。

② 方法 2。单击控制面板中的"管理工具"图标，出现如图 1-38 所示"管理工具"窗口，在文件窗格中双击"计算机管理"图标，打开"计算机管理"窗口，展开左窗格的"本地用户和组"，选择"用户"，右窗格中显示当前系统所有的账户信息，右击要删除的账户，在快捷菜单中执行"删除"命令，如图 1-39 所示。

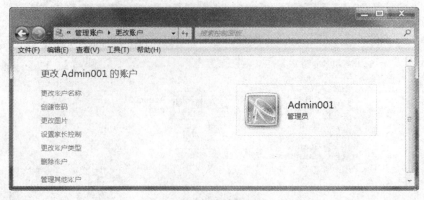

图 1-37　"更改账户"窗口

图 1-38　"管理工具"窗口

图 1-39　"计算机管理"窗口

4）设置"日期和时间"

单击控制面板中的"日期和时间"图标，或双击桌面最右下角的时间，进入"日期和时间"对话框，如图 1-40 所示，单击图 1-40(a)中的【更改日期和时间】按钮，出现图 1-40(b)所示"日期和时间设置"对话框，用户可以在此调整系统日期和时间。

(a)

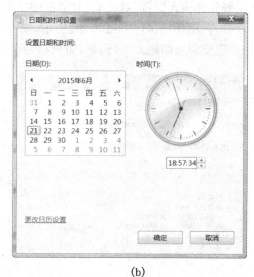
(b)

图 1-40 "日期和时间设置"窗口

5) 设置"区域和语言"选项,添加输入法

区域和语言选项可改变多种区域设置。例如,数字显示的方式、默认的货币符号、时间和日期符号、用户计算机的位置、安装输入法等。

(1) 在控制面板窗口中单击"区域和语言"图标,打开"区域和语言"对话框,如图 1-41 所示,在这里可以设置日期和时间的格式。

(2) 单击【其他设置】按钮,打开如图 1-42 所示自定义格式对话框,在这里可以设置数字、货币、日期和时间等格式。

图 1-41 区域和语言对话框

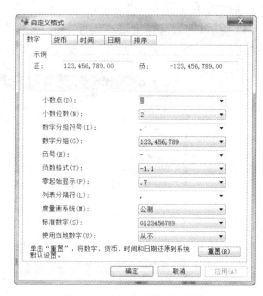

图 1-42 自定义格式对话框

(3) 在"区域和语言"对话框中选择"键盘和语言"选项卡,单击【更改键盘】按钮,出现

"文本服务和输入语言"对话框,对话框中显示已安装的汉字输入法,如图 1-43 所示。

(4)单击图 1-43 中的【添加】按钮,弹出"添加输入语言"对话框,如图 1-44 所示,在列表中勾选要添加的输入法(例如:微软拼音—新体验 2010),然后单击【确定】按钮。

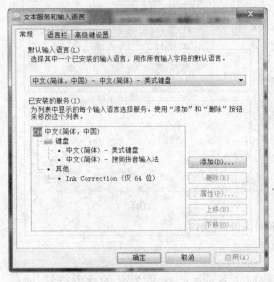
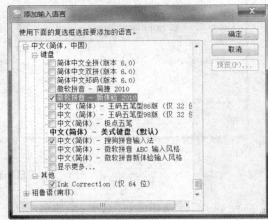

图 1-43 文字服务和输入语言对话框　　　　图 1-44 添加输入语言窗口

2. 附件的使用

1) 画图程序

启动"开始"菜单→"所有程序"→"附件"→"画图"程序,制作一幅画,以文件名为"picture_1",文件类型为 jpg 格式保存在桌面。

2) 记事本程序

启动"开始"菜单→"所有程序"→"附件"→"记事本"程序,录入【样文】中的文字,如图 1-45 所示;然后选择记事本程序中的"文件"菜单→"保存"命令,将录入的内容存入"库"中的"文档",文件名为"SY2.txt",如图 1-46 所示。

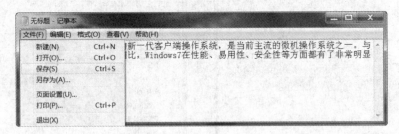

图 1-45 记事本窗口

图 1－46　保存文件窗口

【样文】

　　Windows 7 是微软公司推出的新一代客户端操作系统,是当前主流的微机操作系统之一。与以往版本的 Windows 系统相比,Windows 7 在性能、易用性、安全性等方面都有了非常明显的提高。

说明

　　汉字输入时的键盘切换快捷键

　　(1) Ctrl+空格,在英文状态和中文输入状态间切换。

　　(2) Ctrl+Shift,在当前系统中所有输入法间循环切换。

　　(3) Ctrl+·,在中英文标点符号间切换。

　　(4) Shift+空格,在全角/半角间切换。

---

　　3) 系统工具的使用

　　(1) 运行"磁盘碎片整理"程序。硬盘经过长时间使用后,由于经常保存和删除文件,文件的存放位置可能变得非常离散,使硬盘读取文件速度变慢,因此有必要定期(例如:每周一次)对磁盘碎片进行分析和整理。

　　方法 1:在资源管理器窗口导航窗格,右击任意一个硬盘驱动器盘符,在快捷菜单中执行"属性"命令,在弹出的属性窗口中单击"工具"选项卡,如图 1－47 所示,单击【立即进行碎片整理】按钮。

　　方法 2:启动"开始"菜单→"所有程序"→"附件"→"系统工具"→"磁盘碎片整理程序"命令。弹出如图 1－48 所示"磁盘碎片整理程序"对话框,单击【磁盘碎片整理】按钮,即开始磁盘碎片整理。

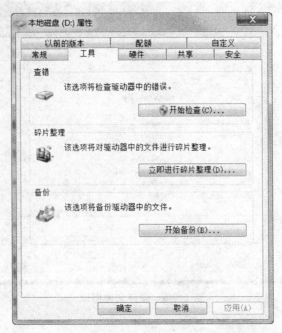

图 1－47　磁盘属性中的"工具"选项卡对话框

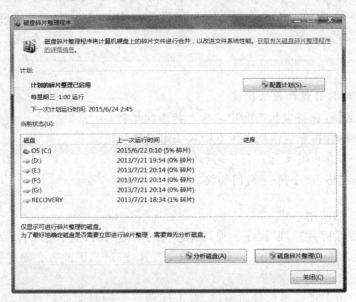

图 1－48　"磁盘碎片整理程序"窗口

　　该功能需要花费比较多的时间，用户可以随时终止。用户也可以单击【配置计划】按钮，在如图 1－49 所示对话框中配置磁盘碎片整理计划，到了规定的时间（如每周星期三1：00），系统会自动执行碎片整理。

　　（2）运行"磁盘清理"程序。执行"磁盘清理"程序可以搜索电脑的驱动器，然后列出临时文件、Internet 缓存文件和可以安全删除的无用程序文件。用户可以使用磁盘清理程序部分或全部删除这些文件，帮助释放硬盘驱动器存储空间。

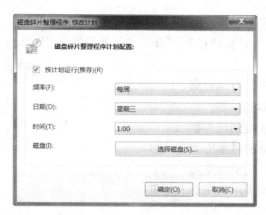

图 1－49　磁盘碎片整理程序计划配置对话框

　　方法 1:双击桌面上"计算机"图标,打开"计算机"窗口,右击任意一个硬盘驱动器盘符,在快捷菜单中执行"属性"命令,弹出如图 1－50 所示的磁盘"属性"对话框,在"常规"选项卡中单击【磁盘清理】按钮,如果选择的是系统盘,此时会出现一个计算可释放空间的对话框,时间通常会持续几分钟,计算结束后弹出如图 1－51 所示"磁盘清理"对话框,勾选需要清理删除的文件,单击【确定】按钮即可删除这些文件。

图 1－50　"磁盘属性"窗口

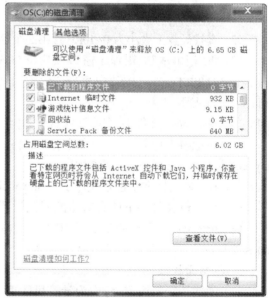

图 1－51　"磁盘清理"窗口

　　方法 2:启动"开始"菜单→"所有程序"→"附件"→"系统工具"→"磁盘清理"命令,弹出"磁盘清理:驱动器选择"对话框,选择待清理的驱动器,单击【确定】按钮即可打开"磁盘清理"对话框。

任务五　综合练习

1. 桌面设置

(1)更改桌面主题设置。

（2）更改桌面墙纸设置。

（3）设置屏幕保护：为计算机设置屏幕保护程序，时间间隔为 5 分钟，并启用密码保护。

2. 任务栏设置

（1）设置桌面任务栏为自动隐藏。

（2）将"桌面"设置到工具栏。

（3）将记事本程序锁定到任务栏。

（4）改变任务栏图标的显示方式。

（5）改变任务栏位置到桌面左边。

（6）在通知区域隐藏扬声器图标和通知。

3. 创建快捷方式

在桌面上为系统自带的计算器创建快捷方式。

4. 文件及文件夹操作

（1）在 D 盘根目录新建文件夹"实验一"，并建立如下文件结构：

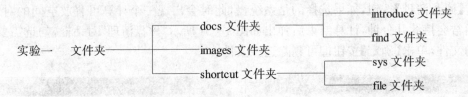

（2）查找硬盘上大小为 0~10KB 且第 3 个字母为 t 的文本文件，将其保存在 find 文件夹中。

（3）将"记事本"应用程序窗口以拷屏（PrintScreen 键）的方式保存为一个名为"mypic"的 24 位位图文件，并在图片中适当位置添加红色文字"记事本"，将位图文件"mypic"保存在 images 文件夹下。

（4）将 images 文件夹复制到 D 盘中，并将其改名为"myimages"。

（5）在记事本中输入一段文字作自我介绍，不得少于 50 字，并以文件名为"introduce myself"保存在 introduce 文件夹中。

（6）在 file 文件夹下创建文本文件 introduce myself 的快捷方式。

（7）将 find 文件夹下所有对象的属性设置为"只读"。

（8）把 docs 文件夹属性设置为隐藏，然后刷新该文件夹，观察变化，并思考如何找回 docs 文件夹。

5. 控制面板操作

（1）创建一个新用户，身份为计算机管理员，名称自定，并为新用户设置密码；

（2）切换 Windows 用户，用新创建的用户登录，查看变化；

（3）查看本机系统设置，查看系统基本配置信息、计算机名等；

（4）添加一种拼音输入法。

6. 附件的使用

（1）分别通过菜单方式及运行程序方式启动画图程序 mspaint.exe，画一个关于日出的图，大小为 800×600 像素，以文件名为"日出"，文件类型为 24 位位图的格式保存至"实验一"文件夹。（画图程序文件路径为：C:\ Windows\ system32\ mspaint.exe）

（2）运行磁盘清理程序清理 C 盘中无用的程序。

实验二　Word 2010 文字处理

一、实验目的

1. 掌握 Word 文档中字体、段落、分栏等设置操作。
2. 掌握方法表格的插入、编辑以及与文本之间的转换等操作。
3. 掌握艺术字的编辑、图片的插入、图文混排、文字替换等的操作方法。
4. 掌握公式编辑和文本框、图形编辑、页眉页脚设置、文档页面设置的方法。
5. 综合应用 Word 提供的各种功能，制作一篇完整的多媒体论文。

二、实验内容与步骤

> **说明**
>
> （1）Word 2010 是由 Microsoft 公司开发设计的文字处理软件，是 Microsoft Office 2010 的系列组件之一，它是被公认的 Microsoft Office 2010 应用最广泛的中心组件。
>
> （2）Word 2010 集成了文字、表格、图片、剪贴画、形状、SmartArt、图表、文本框、艺术字、公式、符号以及对象等多种文档元素于一身，配合字体、段落、样式、项目符号、编号、主题、页面布局和视图显示等丰富便捷的文档编辑排版功能，以及多种高级的文档编辑技术，如：节、域、引用、审阅和邮件合并等，可以高效快捷地创建出格式规范、内容丰富、排版精致的各种形式的文档文件。
>
> （3）Word 2010 格式，对于文档、工作簿和演示文稿，默认的文件格式末尾有一个"x"，表示 XML 格式。例如，在 Word 中，现在默认情况下文档用扩展名.docx 进行保存，而不是.doc。如果将文件保存为模板，则应用同样的规则：在旧的模板扩展名后加上一个"x"。例如，在 Word 中为.docx。

任务一　文档基本编辑

具体要求如下。

（1）在 D 盘根目录新建文件夹"实验二"；启动 Microsoft Word 2010 后，进入 Word 2010 的工作环境；将文档保存到"实验二"文件夹，文件名为"实验 2_1.docx"。

（2）将实验二素材文件夹中"样文.txt"文本内容复制到文档中。

（3）输入标题"环境保护从我做起"；设置标题字体为：华文彩云、22 号、文本效果为第 3 行第 4 列的效果，居中，字间间距加宽 5 磅；并设置适当的"映像""发光"效果。

（4）将正文第三个小标题下的段落将"实现：水净，气清，碳低，效高。"另起一段；并实现第三个小标题及内容与第二个小标题及内容互换位置。

（5）给所有正文段落设置段间距，段前 0.5 行，段后 0.3 行；首行缩进 2 个字符。对第一个小标题下的第一段进行分栏，分成相等两栏，栏间加分隔线，并设置该段首字下沉 3 行字符。

（6）对文中“环境保护包含三个层面的意思”下的文字进行编号设置，编号格式为“1），2），3）……”；对“如何进行环境保护”标题下的内容拆分为四个段落，并进行项目符号设置，项目符号为“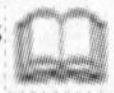”。设置这四段左右边界各缩进四个字符。

（7）对文中小标题“如何进行环境保护”下的四段进行边框底纹设置，边框设置为“阴影”“双线”，线宽为“0.5 磅”，底纹设置为“橙色，强调文字颜色 6，淡色 40%”。

（8）查找并替换正文中所有“环境”（不包括小标题），将这两个字格式替换成“加粗、倾斜，并带有点式粗下划线”。设置完成后，文档格式效果如图 2－1 所示。

（9）选中标题行，在“开始”选项卡→“样式”选项组，鼠标指向不同的“标题”样式进行预览；分别查看设置不同标题样式时的预览效果。

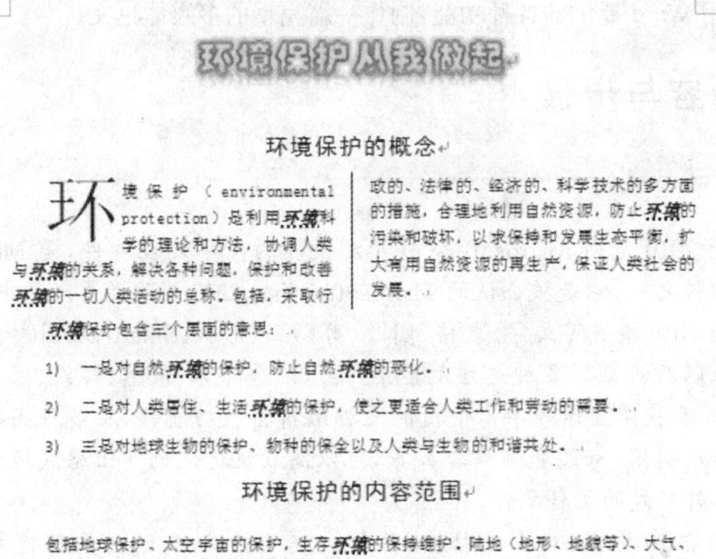
环境保护从我做起

环境保护的概念

环境保护（environmental protection）是利用环境科学的理论和方法，协调人类与环境的关系，解决各种问题，保护和改善环境的一切人类活动的总称。包括，采取行政的、法律的、经济的、科学技术的多方面的措施，合理地利用自然资源，防止环境的污染和破坏，以求保持和发展生态平衡，扩大有用自然资源的再生产，保证人类社会的发展。

环境保护包含三个层面的意思：

1) 一是对自然环境的保护，防止自然环境的恶化。
2) 二是对人类居住、生活环境的保护，使之更适合人类工作和劳动的需要。
3) 三是对地球生物的保护、物种的保全以及人类与生物的和谐共处。

环境保护的内容范围

包括地球保护、太空宇宙的保护，生存环境的保持维护，陆地（地形、地貌等）、大气、水、生物（人类自身，森林-植物，动物等）、阳光，自然的、人工外部世界总体的保护，自然、文化遗产的保护。

实现：水净，气清，碳低，效高。

如何进行环境保护

- 空调冬 18 夏 26 度，全国节电上亿度；
- 灯泡换成节能灯，用电能省近八成；
- 垃圾分类不乱扔回收利用好再生；
- 不用电器断电源，节电 10%能看见。

图 2－1　实验 2_1 样张

1. *Word 2010 应用程序窗口*

Word 2010 的工作界面主要由标题栏、快速访问工具栏、菜单按钮、选项卡、功能区、窗口控制按钮栏、文档编辑区、滚动条、标尺、状态栏及视图按钮等部分组成。如图 2－2 所示。

（1）标题栏。用于显示文档和程序的名称。

（2）快速访问工具栏。提供默认的按钮或用户添加的按钮，可以加速命令的执行。

（3）菜单按钮。相当于早期 Office 版本中的【文件】菜单，执行与文档有关的基本操作（打开、保存、关闭等），打印任务也被整合到其中。

（4）选项卡。相当于早期 Office 应用程序中的菜单栏，单击不同的选项卡，下方显示与之对应的"功能区"。

（5）功能区。提供常用命令的直观访问方式，相当于早期 Office 应用程序中的工具栏和命令。功能区由选项组和命令组成。

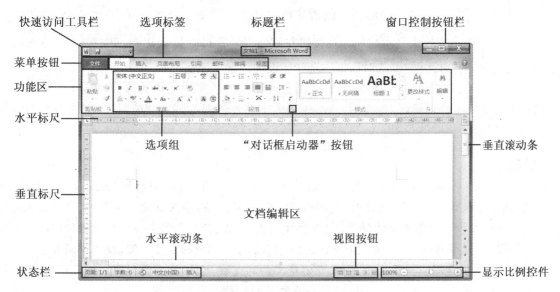

图 2‐2　Word 2010 应用程序窗口

（6）窗口控制按钮栏。用于调整窗口的不同状态，从左往右依次为最小化、最大化/恢复和关闭程序按钮。

（7）文档编辑区。用来输入和编辑文字的区域，在 Word 2010 中，不断闪烁的插入点光标"|"表示用户当前的编辑位置。如要修改"文档编辑区"某个文本，必须先移动光标，除了可以使用鼠标单击编辑位置移动光标，还可以使用键盘控制光标，具体操作方法如表 2‐1 所示。

表 2‐1　在 Word 2010 中用键盘按键控制光标的方式

键盘按键	作用	键盘按键	作用
↑、↓、←、→	光标上、下、左、右移动	Shift+F5	返回到上次编辑的位置
Home	光标移至行首	End	光标移至行尾
Page Up	向上滚过一屏	Page Down	向下滚过一屏
Ctrl+↑	光标移至上一段落的段首	Ctrl+↓	光标移至下一段落的段首
Ctrl+←	光标向左移动一个汉字（词语）或英文单词	Ctrl+→	光标向右移动一个汉字（词语）或英文单词
Ctrl+Page Up	光标移至上页顶端	Ctrl+Page Down	光标移至下页顶端
Ctrl+Home	光标移至文档起始处	Ctrl+End	光标移至文档结尾处

（8）标尺。在"视图"选项卡→"显示"选项组中勾选"标尺"复选框，将标尺显示在文档编辑区。标尺包括水平标尺和垂直标尺两种，标尺上有刻度，用于对文本位置进行定位。利用标尺可以设置页边距、字符缩进和制表位。标尺中部白色部分表示版面的实际宽度，两端浅蓝色的部分表示版面与页面四边的空白宽度。

（9）滚动条。用于对文档进行定位，调整文档窗口中当前显示的内容。文档窗口有水平滚动条和垂直滚动条。单击滚动条两端的三角按钮或用鼠标拖动滚动条可使文档上下或左右滚动。

（10）状态栏。用于显示文档页数、字数及校对信息等。

（11）显示比例控件。拖动其中的滑块可以任意调整显示比例。单击 ⊖ 或 ⊕ 按钮将以每次 10％缩小或放大显示比例。在按钮左侧是当前窗口的显示比例，单击 100% 按钮将弹出"显示比例"对话框，可从对话框中选择要设置的显示比例。

（12）视图按钮。用于切换视图的显示方式。为扩展使用文档的方式，Word 提供了可供使用的多种工作环境，称为视图。Word 2010 支持 5 种视图，单击"视图按钮"选项组中的按钮，可以启用相应的视图。

说明

（1）页面视图。按照文档的打印效果显示文档，具有"所见即所得"的效果，在页面视图中，可以直接看到文档的外观、图形、文字、页眉、页脚等在页面的位置，在屏幕上就可以看到文档打印在纸上的样子，常用于对文本、段落、版面或者文档的外观进行修改。

（2）阅读版式视图。适合用户查阅文档，用模拟书本阅读的方式让人感觉在翻阅书籍。

（3）大纲视图。用于显示、修改或创建文档的大纲，它将所有的标题分级显示出来，层次分明，特别适合多层次文档，使得查看文档的结构变得很容易。

（4）Web 版式视图。以网页的形式来显示文档中内容。

（5）草稿视图。草稿视图类似 Word 2007 中的普通视图，只显示字体、字号、字形、段落及行间距等最基本的格式，但是将页面的布局简化，适合于快速键入或编辑文字并编排文字的格式。

---

2. 新建与保存 Word 文档

操作步骤：

（1）在 D 盘根目录新建文件夹"实验二"。

（2）启动 Microsoft Word 2010 后，进入 Word 2010 的工作环境。

本书涉及的 Office 2010 系列软件，均可参照下列方法启动，以启动 Microsoft Word 2010 应用程序为例。

方法 1：启动"开始"菜单，执行"所有程序"→"Microsoft Office"→"Microsoft Word 2010"命令。

方法 2：在文件夹中双击扩展名为".doc"或".docx"的文件，启动 Word，并打开该文件。

方法 3：如果桌面上有 Word 的快捷方式图标，双击该快捷方式。

方法 4：在 Windows 7 系统"开始"菜单的搜索框中输入"Word 2010"，然后在显示列表中单击"Microsoft Word 2010"程序列表项。

　　启动 Microsoft Word 2010 应用程序后，将自动打开一个新的空白文档。此后，用户可以添加想要保存的内容并设置内容格式，供自己或他人阅读。如操作已有文档后需要新建空白文件，可执行下列操作。

　　方法 1：按 Ctrl+N 组合键，将立即显示空白文档。

　　方法 2：切换到"文件"选项卡，打开 Microsoft Office Backstage 视图，选择"新建"命令，右侧的视图中将列出一些新建文档选项，如图 2-3 所示。默认会选择"空白"文档类型图标，单击文档预览右下角的【创建】按钮即可。另外，通过使用 Backstage 视图中的模板，能够避免从头开始创建文档。

图 2-3　Word 2010"新建"窗口

　　（3）将文档保存为"实验 2_1.docx"。

　　Word 文档的保存有以下 3 种情况：

　　① 保存新文档

　　首先，使用下列方法打开"另存为"对话框。

　　方法 1：单击快速访问工具栏中的【保存】工具按钮。

　　方法 2：按 Ctrl+S 组合键。

　　方法 3：切换到"文件"选项卡，选择【保存】命令。

　　方法 4：按 Shift+F12 组合键。

　　在对话框中设置保存路径和文件名称，然后单击【保存】按钮，新创建的 Word 文档将以.docx 为默认扩展名保存起来。

　　② 保存已存盘的文档

　　如果对已存盘的文档进行了修改，需要对其再次保存，使修改后的内容被计算机保存并覆盖原有的内容。可以使用①中的前三种方法完成该操作，此时，不会再次弹出"另存为"对话框。

　　③ 将文档另行保存

　　切换到"文件"选项卡，执行"另存为"命令（或按 F12 键），在打开的"另存为"对话框中选择不同于当前文档的保存位置、保存类型或文件名称，然后单击【保存】按钮。

　　本任务适用于情况①，在"另存为"对话框中依次设置：保存路径为"D:\实验二"；文件名为"实验 2_1"；保存类型为"Word 文档"。在后续的输入、修改以及排版过程中应参照情况②及时保存。

（4）将实验二素材文件夹中"样文.txt"文本内容复制到文档中。

【样文】

环境保护的概念

环境保护（environmental protection）是利用环境科学的理论和方法，协调人类与环境的关系，解决各种问题，保障经济社会的可持续发展，保护和改善环境的一切人类活动的总称。包括：采取行政的、法律的、经济的、科学技术的多方面的措施，合理地利用自然资源，防止环境的污染和破坏，以求保持和发展生态平衡，扩大有用自然资源的再生产，保证人类社会的发展。

环境保护包含三个层面的意思：

一是对自然环境的保护，防止自然环境的恶化。

二是对人类居住、生活环境的保护，使之更适合人类工作和劳动的需要。

三是对地球生物的保护、物种的保全以及人类与生物的和谐共处。

如何进行环境保护

1. 空调冬 18 夏 26 度，全国节电上亿度；2. 灯泡换成节能灯，用电能省近八成；3. 垃圾分类不乱扔回收利用好再生；4. 不用电器断电源，节电 10％能看见。

环境保护的内容范围

包括地球保护、太空宇宙的保护，生存环境的保持维护。陆地（地形、地貌等）、大气、水、生物（人类自身，森林-植物，动物等）、阳光，自然的、人工外部世界总体的保护。自然、文化遗产的保护。实现：水净，气清，碳低，效高。

3. 字体格式化

1）标题的格式化

输入标题"环境保护从我做起"；并设置标题字体为：华文彩云、22 号居中，文本效果为第 3 行第 4 列的效果，居中，字间间距加宽 5 磅，并设置适当"映像""发光"效果。

操作步骤：

（1）将光标插入点置于第一行行首，输入标题"环境保护从我做起"并按下 Enter 键。

（2）选中标题行，在"开始"选项卡→"字体"选项组中选择"字体" 华文彩云 、"字号" 22 、"文本效果" A 等快捷工具进行设置；也可以通过右击选中文本，执行快捷菜单中的"字体"命令，打开如图 2-4(a)所示"字体"对话框"字体"选项卡进行"字体"、"字形"、"字号"的设置，单击对话框中最下方的【文字效果】按钮，打开图 2-5 所示"设置文本效果格式"对话框，设置文本的"映像"、"发光"效果。

（3）在图 2-4(b)所示"字体"对话框"高级"选项卡中，设置"字符间距"为"加宽"，磅值为 5 磅。

（4）选中标题，单击"开始"选项卡→"段落"选项组【居中】工具按钮，使标题居中。

> 说明
>
> （1）"选中文本"操作，既可以使用鼠标选取文本，也可以使用键盘选取文本。
>
> （2）鼠标选取文本时，不同选取对象及其对应操作方法如表 2-2 所示。
>
> （3）键盘选取文本时，不同组合键及其对应的选取功能如表 2-3 所示。

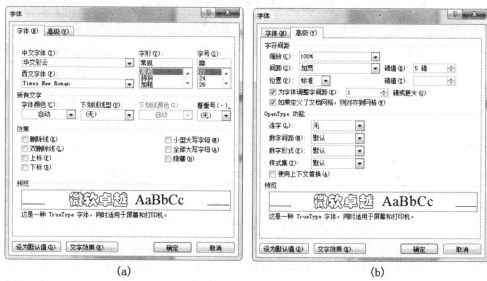

(a)   (b)

图 2-4 "字体"对话框

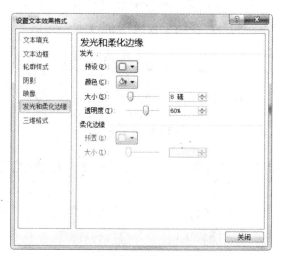

图 2-5 "设置文本效果格式"对话框

表 2-2 鼠标选取文本的常用方法

选取对象	操作	选取对象	操作
任意字符	将光标置于要选取的文字前,按住鼠标左键向后拖拽	字或单词	双击该字或单词
一行文本	单击该行左侧的选中区	多行文本	在字符左例的选中区中拖动
连续区域	单击文本块起始处,按 Shift 键再单击文本块的结束处	句子	按住 Ctrl 键,并单击句子中的任位置
一个段落	双击段落左侧的选中区或在段落中三击	多个段落	在选中区拖动鼠标
整个文档	三击选中区	矩形文本区域	按住 Alt 键,再用鼠标拖动

表2-3　键盘选取文本的常用方法

组合键	功能	组合键	功能
Shift+→	向右选取一个字符	Ctrl+Shift+↑	插入点与段落开始之间的字符
Shift+←	向左选取一个字符	Ctrl+Shift+↓	插入点与段落结束之间的字符
Shift+↑	向上选取一行	Ctrl+Shift+Home	描入点与文档开始之间的字符
Shift+↓	向下选取一行	Ctrl+Shift+End	插入点与文档结束之间的字符
Shift+Home	插入点与行首之间的字符	F8+↑、↓、→、←	选中到文档的指定位置
Shift+End	插入点与行尾之间的字符	Ctrl+A	整个文档

2）正文格式化

将各小标题行字体设置成"黑体、四号、居中"，将正文字体设置成"宋体、五号"。

操作步骤：

（1）选中小标题"环境保护的概念"，打开"字体对话框"，将选中的对象字体设置成"黑体、四号、居中"，也可以选中要设置格式的文本，然后将鼠标稍向上移动，在出现的"浮动工具栏"中进行字体设置，如图2-6所示。"浮动工具栏"具有"字体"选项组的一些文本格式工具。与"功能区"工具不同的是，"浮动工具栏"上的工具不提供实时预览功能。

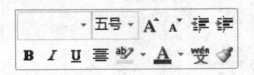

图2-6　字体工具

（2）选中标题，单击"开始"选项卡→"段落"选项组→【居中】工具按钮 ，使标题居中。

（3）光标停在经过设置的标题行的任意位置，双击"开始"选项卡→"剪贴板"选项组→【格式刷】工具按钮 格式刷 ，此时，该按钮下沉显示，且鼠标指针变为一个刷子形状。将鼠标指针移至其他要设置格式的小标题行（"如何进行环境保护""环境保护的内容范围"）文本开始处，拖动鼠标直到要复制格式的文本结束处，然后释放鼠标按键，则可以实现格式的复制。

> **说明**
> （1）选定已设置好字符格式的文本或段落，如单击"格式刷"按钮，只能复制一次格式，复制完成后，如还需复制格式到其他文本或段落，需再次单击"格式刷"按钮。
> （2）选定已设置好字符格式的文本或段落，如双击"格式刷"按钮，可多次复制格式，复制完成后，单击"格式刷"按钮或按 Esc 键结束格式复制。

（4）选中开始一段正文，设置该段字体格式为"宋体、五号"，然后参照上述复制标题行格式的方法，使用"格式刷"，对其他自然段实现格式复制。

4. 文本的删除、复制和移动

删除正文第一自然段中的"保障经济社会的可持续发展，"；将正文第三个小标题下的段落将"实现：水净，气清，碳低，效高。"另起一段；并实现第三个小标题及内容与第二个小标题及内容互换位置。

操作步骤：

（1）选中正文第一自然段中的"保障经济社会的可持续发展，"，按 Backspace 键或 Delete 键将选中文本删除。

> **说明**
>
> 删除文本内容是指将指定内容从文档中清除，操作方法如下：
>
> （1）按 Backspace 键可以删除插入点光标左侧的内容，使用Ctrl+Backspace组合键可以删除插入点光标左侧的一个单词。
>
> （2）按 Delete 键可以删除插入点光标右侧的内容，使用Ctrl+Delete组合键可以删除插入点光标右侧的一个单词。
>
> （3）如果要删除的文本较多，可以首先选中这些文本，然后按 Backspace 键或 Delete 键将它们一次全部删除。

（2）将光标移至要求分段处，单击 Enter 键，完成拆段操作。

（3）选中第三个小标题及内容，按住鼠标拖曳至第二个小标题前方，释放鼠标左键，完成自然段互换。

> **说明**
>
> 文本的复制和移动有以下三种方法：一般方法、选择性粘贴和使用"Office 剪贴板"。

① 一般方法，如表 2-4 所示。

表 2-4　复制与移动文本的方法

操作方式	复制	移动
选项卡按钮	① 切换到"开始"选项卡，在"剪贴板"选项组中单击【复制】按钮 ② 单击目标位置，然后单击【粘贴】按钮	将左侧步骤中的第①步改为单击【剪切】按钮
快捷键	① 按 Ctrl+C 组合键 ② 在目标位置按 Ctrl+V 组合键	将左侧步骤中的第①步改为按 Ctrl+X 组合键
鼠标	① 如果要在短距离内容复制文本，请按住 Ctrl 键，然后拖动选择的文本块 ② 到达目标位置后，先释放鼠标左键，再放开 Ctrl 键	在左侧的步骤中不用按 Ctrl 键
快捷菜单	① 将鼠标指针移至选取内容上，按下右键同时拖动指针到目标位置 ② 释放鼠标右键后，从快捷菜单中执行"复制到此位置"命令	在左侧步骤的第②步中执行"移动到此位置"命令

② 选择性粘贴

复制或剪切文本后，单击"开始"选项卡→"剪贴板"选项组→【粘贴】工具按钮下方的箭头按钮，从下拉菜单中选择适当的命令可以实现选择性粘贴，如图 2-7 所示。按 Esc 键，可以隐藏【粘贴选项】按钮。

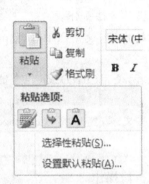

图 2-7 【粘贴】按钮下拉菜单　　　　**图 2-8 Office 剪贴板**

③ 使用"Office 剪贴板"

利用"Office 剪贴板"的存储功能，方法为：单击"开始"选项卡→"剪贴板"选项组→【对话框启动器】按钮，打开"Office 剪贴板"任务窗格。然后按 Ctrl+C 组合键，将选中的内容放入剪贴板，如图 2-8 所示，可以从列表中选择你要复制的内容执行"粘贴"命令。

5. 段落格式化

1) 段落格式修饰

给所有正文段落设置段间距，段前 0.5 行，段后 0.3 行；首行缩进 2 个字符。

操作步骤：

（1）选中第一个小标题下的正文，鼠标右击，在快捷菜单中执行"段落"命令，打开如图 2-9 所示"段落"对话框。

（2）在"缩进"选项的"特殊格式"下拉列表中选择"首行缩进""磅值"为"2字符"。

（3）在"间距"选项下分别设置：段前 0.5 行，段后 0.3 行。

图 2-9 "段落"对话框

> **说明**
>
> 　　如果题目要求中"段前""段后"间距及"行距"以"磅"为单位,可以直接输入以"磅"为单位的段落设置,如输入"20 磅"。

　　(4) 单击【确定】按钮,关闭"段落"对话框。

　　(5) 任意选中一个已设置格式的正文段落,双击【格式刷】工具按钮,分别选中其他小标题下的自然段进行格式复制。

　　2) 段落分栏、首字下沉

　　对第一个小标题下的第一段进行分栏,分成相等两栏,栏间加分隔线,并设置该段首字下沉三行字符。

　　操作步骤:

　　(1) 选中第一自然段。

　　(2) 单击"页面布局"选项卡→"页面设置"选项组→【分栏】工具按钮,打开如图 2-10 所示"分栏"下拉选项,执行"更多分栏"命令,打开如图 2-11 所示"分栏"对话框,在该对话框中可以选择"预设"→"两栏",默认勾选"栏宽相等"复选框,勾选"分隔线"复选框。

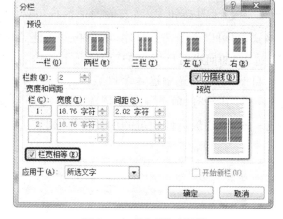

　　图 2-10　"分栏"下拉选项　　　　　图 2-11　"分栏"对话框

> **注意**
>
> 　　(1) 如果题目要求"栏宽不等",则应先将"栏宽相等"前面的勾去除,再根据要求设置各栏宽度。
>
> 　　(2) 如对文档最后一段分栏,选择该段时,不要选中最后一段的段落标记,否则会出现左右两栏高度不等。

　　(3) 移动光标至正文第一段任意位置,单击"插入"选项卡→"文本"选项组→【首字下沉】工具按钮,如图 2-12 所示,单击"首字下沉选项"命令,打开"首字下沉"对话框,如图 2-13 所示,设置"下沉行数"为 3,然后单击【确定】按钮。

图 2－12　首字下沉样式　　　　　图 2－13　"首字下沉"对话框

6. 项目符号和编号设置

对文中"环境保护包含三个层面的意思"下的文字进行编号设置,编号格式为"1),2), 3)……";对"如何进行环境保护"标题下的内容拆分为四个段落,并进行项目符号设置,项目符号为"📖"。设置这四段左右边界各缩进四个字符。

操作步骤:

(1) 选中"环境保护包含三个层面的意思"下的三行文字,单击"开始"选项卡 → "段落" 选项组→【编号】工具按钮 右侧向下箭头,打开如图 2－14 所示下拉列表,选择所要求的编号格式;也可以右击选中文本,鼠标指向快捷菜单中"编号"命令,选择所需的编号格式。

(2) 选中"如何进行环境保护"小标题下的内容,在分号处分别按 Enter 键,将该段拆分为 4 个自然段,然后选中这 4 个自然段。

(3) 单击"开始"选项卡→"段落"选项组→【项目符号】工具按钮 右侧向下箭头,打开如图 2－15 所示"最近使用过的项目符号"列表进行选择。

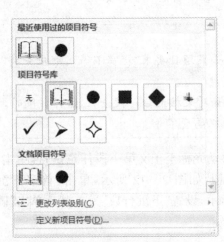

图 2－14　"编号"样式　　　　　　图 2－15　"项目符号"样式

（4）如果选择的项目符号不在其中，则选择图 2-15 中"定义新项目符号"选项，打开如图 2-16 所示"定义新项目符号"对话框，单击【符号】按钮，弹出如图 2-17 所示"符号"对话框，选择字体为"Wingdings"，在出现的符号页中选择"📖"符号。然后单击【确定】按钮。

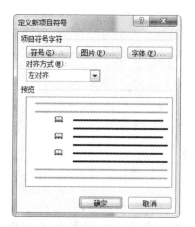

图 2-16 "定义新项目符号"对话框

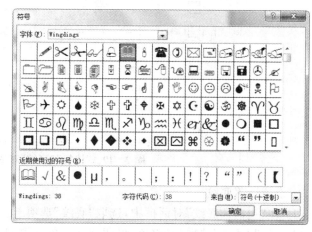

图 2-17 "符号"对话框

（5）选中最后 4 个自然段，右击选中段落，在快捷菜单中选择"段落"菜单选项，弹出图 2-9 所示"段落"对话框，对"缩进"选项进行设置，"左侧""右侧"均为"4 字符"（如"左侧"框中显示单位为厘米，可在该框中直接输入"4 字符"），如图 2-18 所示。

图 2-18 "缩进"选项设置

7. 边框底纹设置

对文中小标题"如何进行环境保护"下的四段进行边框底纹设置，边框设置为"阴影""双线"，线宽为"0.5 磅"，底纹设置为"橙色，强调文字颜色 6，淡色 40％"。

操作步骤：

1）设置段落边框

（1）选中要设置边框的段落。

（2）单击"开始"选项卡→"段落"选项组→【下框线】工具按钮右侧箭头，在下拉列表中，执行"边框和底纹"命令，打开如图 2-19 所示"边框和底纹"对话框。【下框线】工具按钮将变成【边框和底纹】工具按钮。

（3）"边框和底纹"对话框"边框"选项卡，在"设置"选项中，选择"阴影"边框；在"样式"选项中，设置"双线"；在"宽度"选项中，设置"0.5 磅"；在"应用于"选项中，设置"段落"，这时可以通过"预览"查看设置的效果。

图 2-19 "边框和底纹"对话框

2）设置段落底纹

（1）在"边框和底纹"对话框中，选取"底纹"选项卡。

（2）设置"填充"选项为"橙色，强调文字颜色 6，淡色 40%"，如有底纹图案要求，可以进一步设置图案样式。"应用于"选项设置为"段落"，如图 2-20 所示。

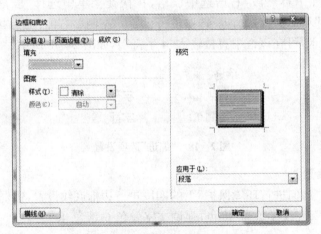

图 2-20 "边框和底纹"对话框—"底纹"选项卡

（3）单击【确定】按钮，退出"边框和底纹"对话框。

8．查找和替换

查找并替换正文中所有"环境"（不包括小标题），将这两个字格式替换成"加粗、倾斜，并带有点式粗下划线"。

操作步骤：

（1）在正文中任意选中"环境"。

（2）单击"开始"选项卡→"编辑"选项组→【替换】工具按钮，或者按 Ctrl+H 组合键，弹出如图 2-21 所示"查找和替换"对话框。

图 2 - 21 "查找和替换"对话框

说明

　　(1) 如步骤(1)执行的是光标定位于正文任意位置,则需在图 2 - 21 "查找内容"下拉组合框中,输入要查找的字符;如果之前已经进行过查找操作,也可以从"查找内容"下拉组合框中选择。

　　(2) 如步骤(1)执行的是在正文中选中查找的字符,则该字符将直接出现在图 2 - 21 "查找内容"下拉组合框中。

---

　　(3) 单击图 2 - 21 所示对话框中【更多】按钮,弹出如图 2 - 22 所示的带有高级替换选项的对话框。

图 2 - 22 "查找和替换"对话框(高级选项)

　　(4) 在"替换为"选项中,输入要替换的内容"环境"。
　　(5) 光标定位在"替换为"文本框中。

注意

（1）在操作过程中步骤（5）很容易被忽略，如步骤（5）没有执行，往往步骤（6）是给"查找内容"组合框中的文本设置格式，而非操作所要求的给"替换为"组合框中的文本设置格式。

（2）如发生上述错误，应选中"查找内容"组合框中的文本，单击图 2－22 最下方【不限定格式】按钮，删除错误格式。

（6）单击【格式】按钮，在下拉菜单中执行"字体"命令，弹出"替换字体"对话框，在"替换字体"对话框中，设置要更改的格式"加粗、倾斜、点式粗下划线"，如图 2－23 所示；单击【确定】按钮，返回"查找和替换"对话框，如图 2－24 所示。

图 2－23 "替换字体"对话框

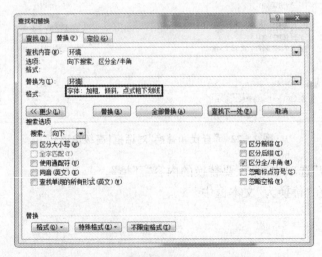

图 2－24 "查找和替换"对话框(设置完成)

（7）确认设置的文本格式出现在图 2－24 对话框"替换为"组合框下方，并且格式与操作要求一致。

（8）单击【替换】按钮，对正文中的"环境"进行替换，如果查找到的是小标题中的"环境"，则单击【查找下一处】按钮跳过，替换到文档结尾处将会出现如图 2－25 所示信息提示框，单击【是】按钮，继续从开始处搜索，直到步骤（1）选择处或光标定位处；若要全文替换该字符，则可以单击【全部替换】按钮。若查找的文本不存在，或出现步骤（5）下方"注意"事项中所列错误，将弹出含有提示文字"Word 已完成对文档的搜索，未找到搜索项"的提示信息框。

图 2－25　"替换到文档结尾处"信息提示框

9. 使用样式与模板

选中标题行，在"开始"选项卡→"样式"选项组（图 2－26），鼠标指向不同的"标题"样式进行预览；分别查看设置不同标题样式时的预览效果。

图 2－26　"样式"选项组

说明

（1）如果没有在快速样式中找到你所需要的标题，如"标题 2"，则单击"样式"选项组→【对话框启动器】按钮，弹出如图 2－27 所示的"样式"任务窗格。

（2）单击【选项】按钮，在弹出的"样式窗格选项"对话框中勾选"在使用了上一级别时显示下一标题"复选框，如图 2－28 所示。

（3）"样式"设置在 Word 综合排版中频繁使用，因此将"样式"创建、修改和删除操作附列如下。

图 2-27 "样式"任务窗格

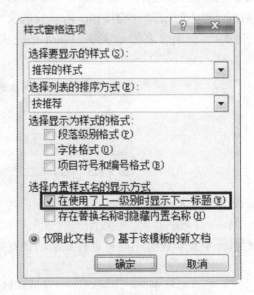

图 2-28 "样式窗格选项"对话框

1) 创建新样式

操作步骤：

（1）切换到"开始"选项卡，单击"样式"选项组→【对话框启动器】按钮，打开"样式"任务窗格。单击图 2-27 所示左下角【新建样式】按钮，打开"根据格式设置创建新样式"对话框，如图 2-29 所示。

（2）在"名称"文本框中输入新建样式的名称。注意，尽量取有意义的名称，同时不能与系统默认的样式同名。

（3）在"样式类型"下拉列表框中选择样式类型，包括 5 个选项：字符、段落、链接段落和字符、表格以及列表。根据创建样式时设置的类型不同，其应用范围也不同。例如，字符类型用于设置选中的文字格式，而段落类型可用于设置整个段落的格式。

（4）在"样式基准"下拉列表框中列出了当前文档中的所有样式。如果要创建的样式与其中某个样式比较接近，请选择该样式，新样式会继承选择样式的格式，只要稍做修改，就可以创建新的样式。

（5）在"后续段落样式"下拉列表框中显示了当前文档中的所有段落样式，其作用是在编辑文档的过程中按 Enter 键，转到下个段落时自动套用当前样式。

（6）在"格式"选项组中，可以设置字体、段落的常用格式，例如字体、字号、字形、字体颜色、段落对齐方式以及行间距等。

（7）根据实际情况，用户还可以单击【格式】按钮，从弹出的列表中选择要设置的格式类

图 2‑29　"据格式设置创建新样式"对话框

型,然后在打开的对话框中进行详细的设置。

(8) 单击【确定】按钮,新样式创建完成。

2) 修改与删除样式

右击图 2‑27 所示"样式"任务窗格中快速样式库列表框内要修改的样式,从快捷菜单中选择"修改"命令,打开"修改样式"对话框。

在"修改样式"对话框中,用户可以根据需要重新设置样式,方法与操作"根据格式设置创建新样式"对话框基本类似。

打开"样式"任务窗格,单击样式名右侧箭头按钮,或右击样式名,从快捷菜单中执行如"删除'×××'"命令("×××"代替选择删除的样式名),即可删除不再使用的样式。

任务二　文档高级排版

具体要求如下:

(1) 打开任务一完成的"实验 2_1.docx",将文档另存为"实验 2_2.docx",保存路径为"D:\实验二"。

(2) 将标题文本"环境保护从我做起"设置成艺术字体。

(3) 删除设置为分栏的正文第一自然段;将第一个小标题下剩余的正文"环境保护包含三个层面的意思……与生物的和谐共处。"设置成"文本框"效果,并设置文本框的边框和底纹。

(4) 在第二个小标题下的正文中插入一幅剪贴画,并调整图片的大小。采用不同版式,对图片进行设置,观察效果。

(5) 插入 SmartArt 图形。

（6）将文档页边距左右设置成 4 厘米。

（7）给文档设置"页眉、页脚"，页眉内容为"环境保护从我做起"，并设置字体为"楷体、小四、居中"；页脚设置为"当前日期"。

（8）对整个页面设置页面边框。设置完成后，文档格式效果如图 2 - 30 所示。

图 2 - 30 　实验 2_2 样张

（9）在文档中插入公式。

Word 2010 提供的对象有很多种。除了任务一介绍的最基本的文字、段落以外，还存在各种对象的插入：艺术字、文本框、图片、图形以及公式等。

打开任务一完成的"实验 2_1.docx"，将文档另存为"实验 2_2.docx"，保存路径为"D:\实验二"，继续执行如下操作。

1. 插入"艺术字"

将标题文本"环境保护从我做起"设置成艺术字体。

操作步骤：

（1）选中标题文字。

（2）单击"插入"选项卡→"文本"选项组→【艺术字】工具按钮，打开如图 2 - 31 所示"艺术字"下拉样式框。

（3）选择第四行第四列的艺术字式样，此时系统工具栏将切换成"绘图工具"格式状态，在"艺术字样式"选项组中可以设置所需要的艺术字样式或更改艺术字样式。

（4）单击"艺术字样式"选项组→【文本效果】工具按钮，弹出图 2 - 32 所示下拉列表；在菜单列表中，选中"转换"选项，选中"双波形 2"的样式，则可以观察文本样式。

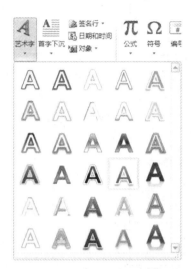

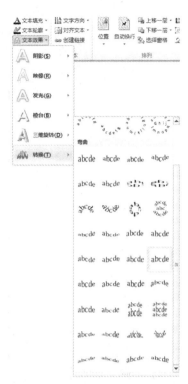

图 2-31　"艺术字"样式　　　　　　图 2-32　"文本效果"菜单选项

（5）艺术字样式设置完成后，还可以根据需要重新设置艺术字的字体、大小、高度、间距等样式、效果以及文字方向等。单击"排列"选项组→【位置】工具按钮，将标题的文字环绕方式设置为"嵌入文本行中"。

2. 插入文本框

删除设置为分栏的正文第一自然段；将第一个小标题下剩余的正文"环境保护包含三个层面的意思……与生物的和谐共处。"设置成"文本框"效果，并设置文本框的边框和底纹，如图 2-33 所示。

> **环境**保护包含三个层面的意思：
>
> 1)　一是对自然*环境*的保护，防止自然*环境*的恶化。
>
> 2)　二是对人类居住、生活*环境*的保护，使之更适合人类工作和劳动的需要。
>
> 3)　三是对地球生物的保护、物种的保全以及人类与生物的和谐共处。

图 2-33　"文本框"样例

操作步骤：

（1）选中正文第一自然段中的所有文本，按 Delete 键将选中文本删除。

（2）将要放在文本框中的文字段落进行剪切，单击"插入"选项卡→"文本"选项组→【文本框】工具按钮，出现如图 2-34 所示文本框样式列表。

（3）选择列表中"绘制文本框"选项，这时鼠标将变成十字形工具，在文档空白处拖曳鼠标，将出现矩形框（文本框），文本框周围出现 8 个白色的空心小点，称为"句柄"，可通过拖拽

图 2 - 34　文本框样式列表图

句柄,调整文本框的大小。

(4) 选中文本框,将文字粘贴至该文本框中。

(5) 选中文本框,菜单工具栏将切换至"绘图工具格式"选项卡,单击"形状样式"选项组→【形状效果】工具按钮,在弹出的下拉列表中分别设置"发光"→"橙色,8pt 发光,强调文字颜色 6"效果,"映像"→"半映像,接触"效果。

(6) 按照自己的喜好对文本框的底纹和边框进行设置,利用"形状样式"选项组→【形状填充】工具按钮选取文本框的底纹样式、颜色,利用【形状轮廓】工具按钮选取文本框的边框样式、颜色,观察效果。

3. 应用图片

1) 插入图片

在第二个小标题下的正文中插入一幅剪贴画,并调整图片的高度为 2.5 厘米、宽度为 2 厘米。采用不同版式,对图片进行设置,观察效果。

操作步骤:

(1) 将插入点光标置于第二个小标题下的正文中,切换到"插入"选项卡,单击"插图"选项组→【剪贴画】工具按钮,打开"剪贴画"任务窗口。

(2) 在"搜索文字"文本框中输入剪贴画的关键字"环境""结果类型"下拉列表框中仅勾选"插图"。

（3）单击【搜索】按钮，搜索的结果将显示在任务窗格的"结果"区中。

（4）如"结果"区上方显示"没有找到结果"，请勾选搜索范围"包括 Office.com 内容"，再次单击【搜索】按钮。

（5）单击"结果"区中所需的剪贴画，即可将其插入到文档中。菜单工具栏自动切换至"图片工具格式"选项卡。

2）调整图片的大小和角度

操作步骤：

（1）选中图片，其周围出现 8 个句柄，如果要横向或纵向缩放图片，请将鼠标指针指向图片四边的某个句柄上。

（2）如果要沿对角线缩放图片，请将鼠标指针指向图片四角的某个句柄上。按住鼠标左键，沿缩放方向拖动鼠标。用鼠标拖动图片上方的绿色旋转按钮，可以任意旋转图片。

（3）如需精确设置图片的大小，单击图片，切换至"格式"选项卡，在"大小"选项组中对"高度"和"宽度"进行设置。

（4）本任务要求调整图片的高度为 2.5 厘米、宽度为 2 厘米，需改变原图片纵横比，因此应单击"大小"选项组中的【对话框启动器】按钮，打开"布局"对话框，在"大小"选项卡中，首先取消选中"锁定纵横比"选项，再进行相关的设置。如图 2-35 所示。

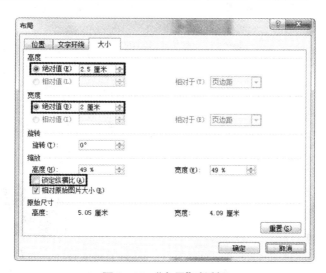

图 2-35 "布局"对话框

说明

（1）如需裁剪图片，则选中图片，单击"图片工具格式"选项卡→"大小"选项组→【裁剪】工具按钮，此时图片的四周出现黑色的控点。将鼠标指向图片上方的控点，指针变成黑色的倒立 T 形状，向下拖动鼠标，即可将鼠标经过的部分裁剪掉。采用同样的方法，对图片的其他边进行裁剪。单击文档的任意位置，即可完成图片的裁剪操作。

（2）如果要使图片在文档中显示为其他形状，而不是默认的矩形，则单击【裁剪】按钮下方箭头，从下拉菜单中选择"裁剪为形状"命令，在子菜单中选择所需的形状图标。

3）美化图片

操作步骤：

（1）设置图片的文字环绕效果

在 Word 中，插入的图片或文本框要和文字进行混排，因此都存在"文字环绕"方式设置的问题，选择图 2-35 所示"布局"对话框中的"位置"和"文字环绕"选项卡，可以对图片和周围文档的位置关系进行选择，在样张中选择的是"中间居左，四周型文字环绕"；使用"图片工具格式"选项卡→"排列"选项组中【位置】和【自动换行】工具按钮也可以设置此内容，如图 2-36 所示。除了用以上方法处理，还可以右击选中的图片或文本框，在弹出的快捷菜单中执行"自动换行"或"大小和位置"命令来设置"文字环绕"效果。

（2）设置图片样式

选中图片，在"图片工具格式"选项卡→"图片样式"选项组中，单击样式列表框右侧【其他】按钮 ，显示所有图片样式，鼠标指针指向某样式可立即预览该样式的效果。单击"透视阴影，白色"选项，效果如图 2-37 所示。

图 2-36 【位置】按钮下拉列表　　　　　图 2-37 "图片样式"设置效果

（3）调整图片亮度和对比度

选中图片，单击"图片工具格式"选项卡→"调整"选项组→【更正】工具按钮，从下拉菜单中选择"亮度和对比度"区域内的一种预定义命令，如图 2-38 所示。单击"亮度：-20%，对比度：+20%"选项。如对预定义选项不满意，可选择"图片更正选项"命令，打开"设置图片格式"对话框，如图 2-39 所示，在"图片更正"选项卡中进行适当的设置。

（4）调整图片颜色和饱和度

选中图片，单击"图片工具格式"选项卡→"调整"选项组→【颜色】工具按钮，从下拉菜单中选择"重新着色"区域内的一种着色样式，可以为图片重新着色，选择"褐色"选项。

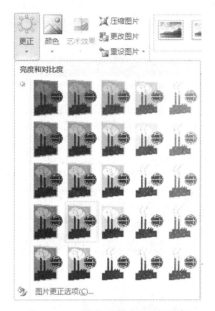

| 图 2-38　【更正】按钮下拉列表 | 图 2-39　"设置图片格式"对话框 |

4. 插入"SmartArt"图形

插入如图 2-40 所示的 SmartArt 图形。

图 2-40　SmartArt 图形样式

操作步骤：

（1）删除第三个小标题，以及小标题下方的文本框，单击"开始"选项卡→"段落"选项组→【居中】工具按钮，使插入点光标居中闪烁。

（2）单击"插入"选项卡→"插图"选项组→【SmartArt】工具按钮；弹出如图 2-41 所示"选择 SmartArt 图形"对话框。

（3）在对话框中选择"列表"图形下的"表层次结构"按【确定】按钮；出现如图 2-42 所示图形；在图中可以在"形状"中添加文本，也可以在左侧的文字编辑框中添加文本内容；此时，菜单工具栏将出现"SmartArt 工具"→"设计"和"格式"选项卡。

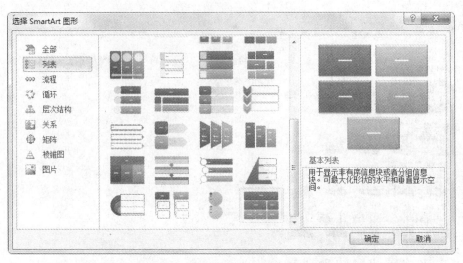

图 2-41 "选择 SmartArt 图形"对话框

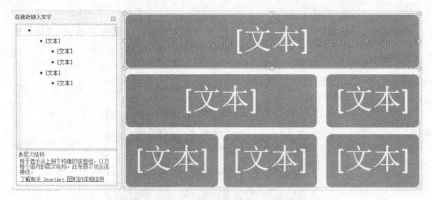

图 2-42 "SmartArt"图形编辑状态

（4）由于要实现的最终图形是两层的，因此，在图 2-42 左侧的文本编辑框内，要改变各级文本的显示层次；选中要升级的文本框，单击"SmartArt 工具设计"选项卡→"创建图形"选项组→【升级】工具按钮 ⬆ 升级，可以提升当前选中文本框的级别，并删除多余文本框对象。

（5）完成以上操作后，分别在文本框中添加文本，生成基本图形，如图 2-43 所示。

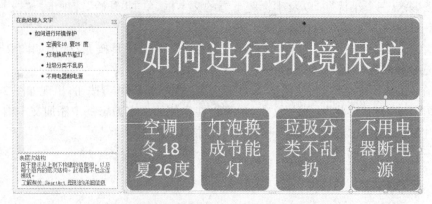

图 2-43 在文本框中添加文本

（6）选中生成的图形，在"SmartArt 工具设计"选项卡→"SmartArt 样式"选项组中，单击样式列表框右侧【其他】按钮 ，显示所有 SmartArt 图形样式，鼠标指针指向某样式可立即预览该样式的效果。单击"金属场景"选项，效果如图 2-44 所示。

图 2-44 "SmartArt 样式"效果

（7）切换到"SmartArt 工具格式"选项卡，将插入点光标定位到文本框中，按 Ctrl+A 组合键选中所有文本框，单击"形状样式"选项组→【形状效果】工具按钮，弹出形状效果下拉列表，如图 2-45 所示，选择"棱台"→"艺术装饰"选项。单击"形状样式"选项组→【形状填充】工具按钮，弹出填充底纹下拉列表，如图 2-46 所示，选择"主题颜色"→"蓝色，强调颜色文字 1，淡色 40％"选项。生成如图 2-40 所示 SmartArt 图形。

在"SmartArt 工具格式"选项卡下，还可以设置 SmartArt 图形形状、形状轮廓等。

图 2-45 【形状效果】按钮下拉列表

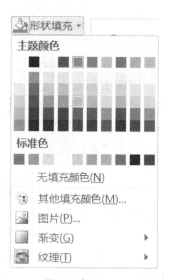

图 2-46 【形状填充】按钮下拉列表

5. 页面排版

对于已经设置好各种对象的文档，有时还需要调整页面的样式，调整页面样式包括：页面设置、页面版式等。

1）设置页边距

打开文档，将文档页边距左右设置成 4 厘米。

操作步骤：

（1）单击"页面布局"选项卡→"页面设置"选项组→【页边距】工具按钮，在下拉列表中选择"自定义边距"，也可以单击"页面设置"选项组→【对话框启动器】按钮，打开如图 2-47 所示"页面设置"对话框。

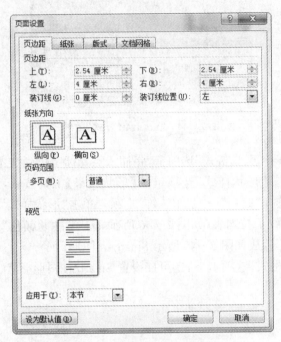

图 2-47 "页面设置"对话框

（2）选择"页边距"选项卡，将左右页边距各设置为"4 厘米"。

（3）单击【确定】按钮。

2）设置页眉、页脚

对文档设置"页眉、页脚"，页眉内容为"环境保护从我做起"，并设置字体为"楷体、小四、居中"；页脚设置为当前日期。

操作步骤：

（1）单击"插入"选项卡→"页眉和页脚"选项组→【页眉】工具按钮，选择已有的页眉样式或选择"编辑页眉"菜单选项。

（2）当选择"编辑页眉"选项时，菜单工具栏将切换至"页眉和页脚工具设计"选项卡。

（3）在页眉栏中输入"环境保护从我做起"，选中该文本，菜单工具栏切换至"开始"选项卡，按照要求更改字体大小和格式。

（4）将菜单工具栏切换回"页眉和页脚工具设计"选项卡，单击"导航"选项组中的【转至页脚】工具按钮，转至页脚编辑模式。

（5）单击"插入"选项组中的【日期和时间】工具按钮，弹出如图 2-48 所示"日期和时间"对话框，选择样张对应格式，在"页脚"中插入当前日期。

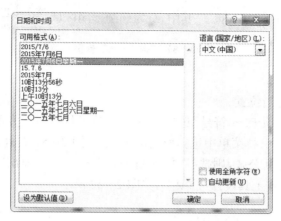

图 2-48 "日期和时间"对话框

（6）关闭"页眉页脚"工具栏。

3）设置页面边框

对整个页面设置页面边框。

操作步骤：

（1）单击"页面布局"选项卡→"页面背景"选项组→【页面边框】工具按钮，打开如图 2-49 所示"边框和底纹"对话框。

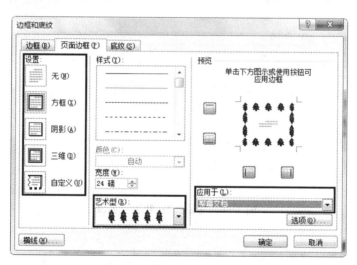

图 2-49 "边框和底纹"对话框中的"页面边框"选项卡

（2）"设置"选项选择"方框"，可以对整个页面设置方框等；在艺术型对话框内，可以选择各类图形，"应用于"选项选择"整篇文档"。设置好的样式如图 2-30 所示。

6. 插入"公式"

Word 2010 包括编写和编辑公式的内置支持，可以方便地输入复杂的数学公式、化学反应式等。

新建一个文档，将文档保存为"实验 2_3.docx"，保存路径为"D:\实验二"；在文中适当位置插入如图 2-50 所示的计算公式。

$$\iint_D \left(\frac{x^2}{a^2} + \frac{y^2}{b^2} \right) \mathrm{d}x\mathrm{d}y, \quad 其中，D 为椭圆形闭区域，\frac{x^2}{a^2} + \frac{y^2}{b^2} \leqslant 1$$

图 2 - 50 "插入公式"样例

操作步骤：

（1）光标定位到适当位置。

（2）单击"插入"选项卡→"符号"选项组→【公式】工具按钮下方箭头，选择系统提供的公式样式进行编辑。从下拉菜单中选择所需的公式，如图 2 - 51 所示。

（3）如需自己创建新公式，则选择"插入新公式"菜单选项，弹出"公式"编辑框；同时菜单工具栏将切换至"公式工具设计"选项卡，如图 2 - 52 所示。

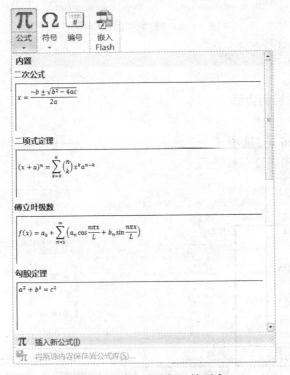

图 2 - 51 【公式】按钮下拉列表

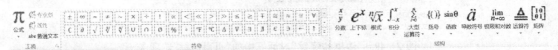

图 2 - 52 "公式"工具栏

（4）选取要求的"积分"模板，使用其中的相关命令编辑公式。

任务三　文档表格制作

具体要求如下：

（1）新建一个文档，在文档中插入一个 23 行、1 列的表格。

（2）创建表格后，参照样张对单元格进行拆分和合并。

（3）调整表格的行高和列宽。

（4）将表标题"个人简历"设为"楷体，加粗，三号字，居中"显示；"本人照片"单元格文字方向设置为"垂直"，对齐方式设置为"中部居中"；表格中其他文本的字体、字型、字号与样式大致相同。

（5）取消"个人简历"单元格的上、左、右边框线。

（6）参照样张，为单元格添加底纹效果。最终效果如图 2 - 53 所示。

个人简历

姓　　名：	籍　　贯：	本人照片
性　　别：	出生日期：	
民　　族：	电　　话：	
专　　业：	电子邮件：	
联系地址：		
大学计划		
2015—2019		
主修课程		
本科阶级主修		
特长及兴趣爱好		
计算机能力		
外语能力		
奖励情况：		
自我评价		

图 2 - 53　实验 2_4 样张

新建一个 Word 文档，将文档保存为"实验 2_4.docx"，保存路径为"D:\实验二"；在文档中制作如图 2 - 53 所示的表格。

1. 创建表格

方法 1：单击"插入"选项卡→"表格"选项组→【表格】工具按钮，弹出如图 2 - 54 所示的下拉菜单,然后拖动鼠标选择所指定的行数和列数(最多可达到 8 行、10 列),松开鼠标即可在插入点位置插入表格。因为样张中表格的行列数超过了指定范围,所以只能选用第二种方法生成表格。

方法 2:执行图 2-54 中的"插入表格"命令,打开如图 2-55 所示的"插入表格"对话框。在该对话框中的"列数"微调框中输入指定的列数,在"行数"微调框中输入指定的行数,这里输入 4 列、23 行,在"固定列宽"中选择"自动",单击【确定】按钮,就可在插入点位置生成指定行列的规则表格。

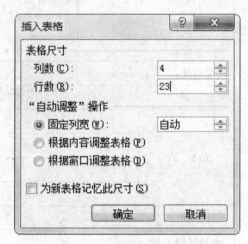

图 2-54 【表格】按钮下拉菜单　　　　图 2-55 "插入表格"对话框

说明

表格的创建除了上述两种方法,还可以使用以下两种非常规方法创建表格:非规则表格和由文本转换创建表格。

1) 非规则表格的创建

若要创建非规则表格,可以单击图 2-54 中的"绘制表格"命令,当光标转换为笔状时,就可以按住鼠标左键画出任意表格;菜单工具栏自动切换至"表格工具设计"选项卡。分别设置"线型""粗细"和"笔颜色",可以得到不同效果的表格线;通过【擦除】按钮,可以擦除多余的边框线。

2) 由文本转换创建表格

有些表格所需的数据文本已经存在,若需把这样的文本转换为表格,可通过以下操作完成对表格的创建。

(1) 对文本进行如下处理,使文本中的一段对应表格中的一行。用分隔符把文本中对应的每个单元格的内容分隔开,分隔符可用逗号、空格、制表符等,也可使用其他字符。

(2) 选定需要转换成表格的文本。

(3) 单击图 2-54 中的"文字转换成表格"命令,即可打开如图 2-56 所示的"将文字转换成表格"对话框。

（4）在"表格尺寸"栏中，设置"列数"微调框中的数值；在"'自动调整'操作"栏中，选中"根据内容调整表格"单选按钮；确认"文字分隔位置"栏中系统自动识别的文字间的分隔符是否正确。

（5）单击【确定】按钮，即可看到转换后的表格，接下来根据需要调整、美化表格即可。

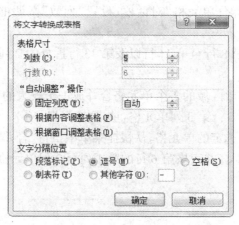

图 2‑56　"将文字转换成表格"对话框

2. 选定表格内容

创建表格后，如果要对表格或单元格进行编辑操作，首先要选中相应的表格或单元格，选取表格对象的方法如表 2‑5 所示。

表 2‑5　选取表格对象的方法

选取对象		方法
单元格	一个单元格	① 将鼠标指针移至要选定单元格的左侧，指针变成 ➤ 形状时，单击鼠标左键 ② 将插入点光标置于单元格中，单击"布局"选项卡→"表"选项组中的【选择】按钮，从下拉菜单中执行"选择单元格"命令 ③ 右击单元格，从快捷菜单中执行"选择"→"单元格"命令后两种方法对选取单行、单列及整个表格也适用
	连续的单元格	选定连续区域左上角第一个单元格后，按住鼠标左键向右拖动，可以选定处于同一行的多个单元格；向下拖动，可以选定处于同一列的多个单元格；向右下角拖动，可以选定矩形单元格区域
	不连续的单元格	首先选中要选定的第一个矩形区域，然后按住 Ctrl 键，依次选定其他区域，最后释放 Ctrl 键
行	一行	将鼠标指针移至要选定行的左侧，指针变成 ↗ 形状时，单击鼠标左键
	连续的多行	将鼠标指针移至要选定首行的左侧，然后按住鼠标左键向下拖动，直至选中要选定的最后一行，释放鼠标左键
	不连续的行	选中要选定的首行，然后按住 Ctrl 键，依次选中其他待选定的行
列	一列	将鼠标指针移至要选定列的上方，指针变成 ↓ 形状时，单击左键
	连续的多列	将鼠标指针移至要选定首列的上方，然后按住鼠标左键向右拖动，直至选中要选定的最后一列，释放鼠标左键
	不连续的列	选中要选定的首列，然后按住 Ctrl 键，依次选中其他待选定的列

3. 合并与拆分单元格

操作：

1）拆分单元格

参照上述内容，选定表格第2行至第6行，单击"布局"选项卡→"合并"选项组→【拆分单元格】工具按钮，打开"拆分单元格"对话框，设置"列数"微调框中的数值为3，然后单击【确定】按钮。

使用同样的方法，将第8行至第11行以及第13行拆分为2列。

2）合并单元格

合并单元格是指将矩形区域的多个单元格合并成一个较大的单元格。

选定表格第2行至第6行第3列单元格，单击"布局"选项卡→"合并"选项组→【合并单元格】工具按钮，或者右击选定的单元格，从快捷菜单中执行"合并单元格"命令。

使用同样的方法，分别合并表格第6行的第1列至2列单元格、第8行至第11行的第1列单元格。

说明

（1）Word允许用户把一个表格拆分成两个或多个表格，然后在表格之间插入文本，方法为：将插入点移至拆分后要成为新表格第1行的任意单元格，单击"布局"选项卡→"合并"选项组→【拆分表格】工具按钮。

（2）删除两个表格之间的换行符，即可将拆分出来的两个表格再次合并。

3）录入文字

完成以上操作后，表格框架基本完成，参照样张，给表格录入文字，单元格文字录入完成后不要回车，而是按Tab键或光标键移动光标。

4. 调整表格高度和宽度

要修改表格的行高和列宽，可以利用标尺、表格边框线和菜单实现。

（1）把插入点定位在表格中时，水平标尺上会出现列标记，垂直标尺上会出现行标记，将鼠标放在行标记或列标记上，当光标变成双向箭头后，拖动标记，即可改变行高和列宽。

（2）将鼠标放在表格的边框线上时，光标会转换为双向箭头，拖动箭头，即可改变行高和列宽。

（3）单击"表格工具布局"选项卡→"表"选项组→【属性】工具按钮，打开"表格属性"对话框。切换至如图2-57所示的"行"选项卡。勾选"指定高度"复选框，键入相应的值，如"1厘米"，在"行高值是"下拉列表框内，选择"最小值"，单击"上一行"或"下一行"按钮后键入值，可以得到行高的修改。

图2-57 "表格属性"对话框的"行"选项卡

说明

（1）"行高值是"栏下拉列表有两个选项，分别是"最小值"和"固定值"。

（2）"最小值"表示输入的行高将作为该行的默认高度，如果该行中输入的内容超过了行高，行高会自动增加以适应内容。

（3）"固定值"表示输入的行高将固定不变，如果内容超过了行高，则不能完整显示。

切换至如图 2–58 所示的"列"选项卡。勾选"指定宽度"复选框，键入相应的值，单击"前一列"或"后一列"按钮后键入值，在"度量单位"下拉列表框内，可选择"厘米"或"百分比"，得到列宽的修改。

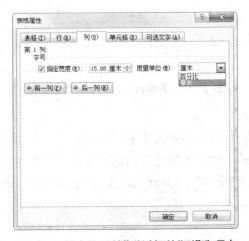

图 2–58 "表格属性"对话框的"列"选项卡

使用上述方法调整表格的行高和列宽，调整效果如图 2–59 所示。

个人简历			
姓　　名：	籍　　贯：		本人照片
性　　别：	出生日期：		
民　　族：	电　　话：		
专　　业：	电子邮件：		
联系地址：			
大学计划			
2015—2019			
主修课程			

本科阶级主修	
特长及兴趣爱好	
计算机能力	
外语能力	
奖励情况	
自我评价	

图 2－59　表格行高和列宽调整效果图

5. 调整表格内容格式

　　选中表格中的文本内容,可以与普通文本一样的进行字体格式、段落格式等相关设置,得到格式化的表格。将表标题"个人简历"设置为"楷体,加粗,三号字,居中"显示;"本人照片"单元格文字方向设置为"垂直",对齐方式设置为"中部居中";表格中其他文本的字体、字型、字号与样张大致相同。

　　操作步骤:

　　(1) 选中标题"个人简历",选择"开始"选项卡→"字体"选项组中的工具按钮,或打开"字体"对话框,设置为"楷体、三号、加粗",单击"开始"选项卡→"字体"选项组→【居中】工具按钮,将标题设置为居中显示。

　　(2) 将插入点光标定位于"本人照片"单元格中,单击"表格工具布局"选项卡→"对齐方式"选项组→【文字方向】工具按钮,改变文字方向为垂直。

　　(3) 再次将光标定位于"本人照片"单元格中,单击"表格工具布局"选项卡→"对齐方式"选项组→【中部居中】工具按钮 ⊞。

　　(4) 按照上述步骤,参照样张,继续设置其他单元格的文字格式,并适当调整字体、字号及字符间距,调整效果如图 2－60 所示。

个人简历			
姓　　名：	籍　　贯：		本人照片
性　　别：	出生日期：		
民　　族：	电　　话：		
专　　业：	电子邮件：		
联系地址：			
大学计划			
2015—2019			
主修课程			
本科阶级主修			
特长及兴趣爱好			
计算机能力			
外语能力			
奖励情况			
自我评价			

图 2 - 60　表格内容调整效果图

6. 设置表格边框

操作步骤：

（1）右击"个人简历"单元格，在弹出的快捷菜单中执行"边框和底纹"命令；也可以单击"表格工具设计"选项卡→"表格样式"选项组→【边框】工具按钮 边框 右侧下拉箭头，在下拉菜单中执行"边框和底纹"命令，打开如图 2 - 61 所示"边框和底纹"对话框。

（2）在"边框"选项卡中，"应用于"选项下拉列表中选择"单元格"，分别单击"预览"区域的【上边框线】、【左边框线】和【右边框线】按钮，取消"个人简历"单元格的上、左、右边框线。单击【确定】按钮。

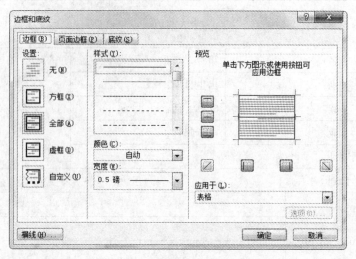

图 2-61 "边框和底纹"对话框

注意

当对单元格的边界设置不同的线型时,需先选中该单元格,然后对单元格的边框线进行设置。

---

7. 设置表格底纹

操作步骤:

(1) 参照样张,依次选中表格第 7、12、14、16、18、20、22 行。

(2) 单击"表格工具设计"选项卡→"表格样式"选项组→【底纹】工具按钮,在下拉菜单中选择"白色,背景 1,深色 15%",为选中的单元格添加底纹效果。

(3) 对文档页面布局以及表格中个别单元格大小做适当调整后保存该文档,最终效果如图 2-53 所示。

8. 表格自动套用格式的使用

表格制作完成后,也可以套用系统提供的模板,对表格进行格式化。

操作步骤:

(1) 选中表格。

(2) 在"表格工具设计"选项卡→"表格样式"选项组中选用合适的样式进行套用,进行不同风格的设置。

(3) 如果想自己添加修改样式,还可以打开"表格样式"工具栏的【其他】按钮,在下拉菜单中执行"修改表格样式"命令,弹出如图 2-62 所示"修改样式"对话框,在该对话框中可以自定义表格样式。

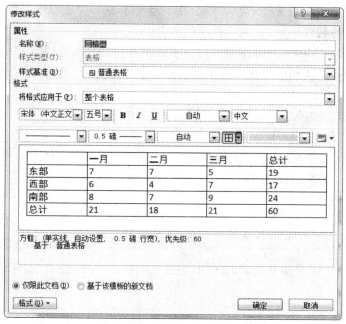

图 2－62 "修改样式"对话框

9. 表格的计算

利用 Word 提供的函数可以计算表格中单元格的数值。

操作步骤：

（1）将插入点定位于放置结果的单元格内，然后"表格工具布局"选项卡→"数据"选项组→【公式】工具按钮，打开"公式"对话框，如图 2－63 所示。

图 2－63 "公式"对话框

（2）如果加入公式的单元格上方都有数据，则在对话框的"公式"编辑框中输入计算公式"=SUM（ABOVE）"，即求得该单元格所在列上方所有单元格的数据之和。

（3）如果加入公式的单元格左侧都有数据，则在对话框的"公式"编辑框中输入计算公式"=SUM（LEFT）"，即求得单元格所在行左侧的所有数据之和。

（4）若要用其他公式，用户可以手工输入公式，输入公式时一定要先输入"="。也可以在"粘贴函数"下拉列表框中选择需要的公式。

（5）单击【确定】按钮，关闭对话框。

任务四　综合练习

新建一个 Word 文档，将文档保存为"综合 2_1.docx"，保存路径为"D:\实验二"；参照范文(范文在实验二素材文件夹下,名为"综合 2_1 范文.docx")完成以下操作。

1. 文档封面的制作

(1) 类别说明。"Word 2010 综合练习",字体设置为:宋体,小四,居中,正文样式。

(2) 标题说明。"我和信息技术之杂文选摘",字体设置为:黑体,小二,加粗,居中,正文样式。

(3) 药大标志。实验二素材文件夹中的"药大校徽.jpg"图像文件。

(4) 作者个人信息。使用 Word 中的表格工具制作一个 6 行、2 列的表格,说明个人的有关信息,包括姓名、专业、学号。表格没有边框和网格,按照范文格式将相应单元格"底纹"式样设置为"白色,背景 1,深色 15%"。

> **注意**
>
> "作者个人信息"栏需输入本人的信息,不要照抄范文。

(5) 完成时间。记录作业完成的时间,不要自动更新;字体设置为:宋体,小四,居中,正文样式。

> **提示**
>
> 插入完成时间的操作为:单击"插入"选项卡→"文本"选项组→【日期和时间】工具按钮。

2. 文章摘要的制作

(1) 另起一页将实验二素材文件夹中"摘要.txt"文本内容复制到文档。

(2) 将标题字体设置为:三号,居中。

(3) 正文第 2 至第 7 段采用自动生成编码,编号格式为"(1),(2),……,(6)"。

(4) 将关键词加粗。

> **提示**
>
> 在新起的一页中放入文字,可以通过组合键Ctrl+Enter,或者单击"页面布局"选项卡→"页面设置"选项组→【分隔符】工具按钮,下拉列表中执行插入"分页符"命令。

3. 绪言的制作

(1) 另起一页将实验二素材文件夹中"绪言.txt"文本内容复制到文档。

(2) 将标题"1.绪言"设置为"标题 2"样式,居中显示,以便为自动生成目录做准备,以下每个标题均需设置为"标题 2"样式。

(3) 绪言的 3 段正文设置为:每段的段前段后间距均为 1 行,第 2 段和第 3 段首行缩进 2 个字符。

(4) 设置正文第 1 段首字下沉,首字字体为隶书,下沉行数 3 行。

(5) 将正文第 1 段中"[此处插入特殊符号]"删除,并在此处通过单击"插入"选项卡→"符号"选项组→【符号】工具按钮插入特殊字符,字符无需与范文相同。

4. 正文的第二部分的制作

(1) 另起一页将实验二素材文件夹中"我的电脑信息收集.txt"文本内容复制到文档。

（2）标题"2.我的电脑信息收集"设置为"标题2"样式，居中显示。

（3）在第1段正文下方插入如表2－6所示的电脑信息表格，将表格中的具体信息内容替换为你所收集到的关于你目前正在使用的电脑的信息。

> **提示**
>
> （1）"常规"信息来源：实验一图1－31"系统属性"窗口。
>
> （2）"网络相关"信息来源：启动"开始"菜单→"所有程序"→"附件"→"命令提示符"程序打开"命令提示符"窗口，输入命令"ipconfig/all"，按Enter键，即可得到相关信息。

表2－6　电脑信息表格

我的电脑				
项目 ＼ 类别	常规		网络相关	
在右边	CPU	Intel Core 2.34 GHz	网卡名称	Realtek RTL8139
			MAC地址	00－E0－4C－7D－A8－7F
	内存	4 GB	IPv4地址	192.168.1.2
			子网掩码	255.255.255.0
	操作系统	Windows 7	默认网关	192.168.1.1

（4）设置"小知识"三个字字体为：宋体，四号；加0.5磅的黑色边框和"白色，背景1，深色25％"的底纹。

（5）下面两段文字的格式要求：

① 将"MAC地址"的字体设置为：宋体，五号，加粗，加着重号。下面的段落格式设置为：首行缩进2个字符，行距为2倍，段前1行，段后1.5行；字体为宋体，五号。

② 将"IP地址"的字体设置为：宋体，五号，加粗，倾斜，加粗波浪下划线。段落格式设置为：悬挂缩进5个字符；字体设置为宋体，5号。

5. 正文第三部分的制作

（1）另起一页将实验二素材文件夹中"几个小故事.txt"文本内容复制到文档。

（2）将标题"3.几个小故事"设置为"标题2"样式，居中显示。

（3）第一个小故事，字体设置为：楷体，五号。段落设置为：首行缩进2个字符，分栏，分成两栏，栏宽相等，加分隔线。

（4）第二个小故事，字体设置为：仿宋，五号。段落设置为：首行缩进2个字符，分栏，分成两栏，偏左，不要分隔线。

（5）第三个小故事，字体设置为：黑体，五号。段落设置为：首行缩进2个字符。

6. 正文第四部分的制作

（1）另起一页将实验二素材文件夹中"校园生活.txt"文本内容复制到文档。

（2）将标题"4.校园生活"设置为"标题2"样式，居中显示。

（3）将4.1至4.4的标题均设置为"标题3"样式。

（4）"4.1上课与考试"设置要求如下：

① "上课睡觉的理由"标题及正文设置为宋体、五号、居中。

② 第二部分2首词。左边一首词,采用横排文本框;右边一首词,采用竖排文本框,两个文本框均没有边框线条颜色。

(5) "4.2 好笑的 bbs 签名档"设置要求如下:

① 在第一个签名档右侧插入艺术字,文字和样式可以自选。在第一个签名档的"大一""大二"等文字前面添加"项目符号"为"➤"。

② 在第二个签名档左侧插入任意一幅剪贴画,图片格式设置要求:环绕方式为"紧密型环绕"。图片大小的设置可以通过鼠标拖拽实现。

(6) "4.3 数学真的很重要"设置要求如下:

① 设置正文段落,首行缩进2个字符。

② 在文中要求输入公式的地方,使用"公式"工具栏录入以下数学公式

$$\lim_{\varphi \to 0} \frac{1 - \sqrt[n]{\cos n\varphi}}{\varphi^2} \ (n \in \mathbf{N})$$

(7) "4.4 外语是很重要的"设置要求如下:

① 将英文歌词的字体设置为:Microsoft Sans Serif,大小为12。

② 将英文歌曲的歌词设为居中;歌曲名称"yesterday once more"加粗。

7. 正文第五部分的制作

(1) 另起一页将实验二素材文件夹中"网络资源好好利用.txt"文本内容复制到文档。

(2) 将标题"5.网络资源好好利用"设置为"标题2"样式,居中显示。

(3) 将 5.1 至 5.3 的标题均设置为"标题3"样式。

(4) 将"5.1 各大高校的 BBS"中的 BBS 地址列表文本转换成表格;并为表格应用一个表格样式。

(5) 在文中要求的地方插入中国药科大学图书馆主页的截图。

8. 结束语部分的制作

(1) 另起一页将实验二素材文件夹中"结束语.txt"文本内容复制到文档。

(2) 将标题"6.结束语"设置为"标题2"样式,居中显示。

(3) 设置正文段落:首行缩进2个字符,1.5 倍行距。

9. 参考文献的制作

(1) 将实验二素材文件夹中"参考文献.txt"文本内容复制到文档。

(2) 将标题"参考文献"设置为"标题2"样式,居中显示。

(3) [3]神农茶馆网站地址要有超级链接。

(4) [4]中国药科大学图书馆主页地址不要有超级链接。

10. 文章目录的制作

根据文章最终定稿后的页码编制目录。

提示

(1) 将插入点移到需要目录的位置,切换到"引用"选项卡,在"目录"选项组中单击【目录】按钮,从下拉菜单中选择一种自动目录样式,即可快速生成该文档的目录。也可以从下拉菜单中执行"插入目录"命令,打开"目录"对话框。

（2）在"格式"下拉列表框中选择目录的风格，选择的结果可以通过"预览"框查看。如果选择"来自模板"，表示使用内置的目录样式格式化目录。如果选中"显示页码"复选框，表示在目录中每个标题后面将显示页码；如果选中"页码右对齐"复选框，表示让页码右对齐。在"制表符前导符"下拉列表框中指定文字与页码之间的分隔符。在"显示级别"下拉列表框中指定目录中显示的标题层次。

11. 页眉页脚设置

（1）设置奇偶页的页眉页脚不同，奇数页页眉设置为"大学计算机课程"，偶数页页眉设置为"上机操作练习"，页眉的设置从"1.绪言"所在页开始，前面几页不要设页眉。

（2）给整篇文档加页码在页脚部分右端，页码从第二页"摘要"（封面页除外）开始。

12. 查找替换

在文档中搜索文字"电脑"，将其替换成"计算机"。

实验三　Excel 2010 电子表格

一、实验目的

1. 掌握工作簿的创建及工作表的基本编辑操作。
2. 掌握相对引用、绝对引用、公式和常用函数的使用。
3. 掌握数据的分类汇总、筛选、排序及数据透视表的建立。
4. 掌握图表创建和相关设置。

二、实验内容与步骤

> **说明**
>
> 　　Excel 2010 是一款功能强大的电子表格编辑制作软件,可以完成许多复杂的数据运算、进行数据的分析和预测并且具有强大的制作图表的功能,广泛地应用于管理、统计、财经、金融等众多领域。
>
> 　　(1) 工作簿。即 Excel 文件,默认扩展名是.xlsx。每一个工作簿默认是三张工作表,依次为 Sheet1、Sheet2 和 Sheet3,用户可以根据需要添加工作表,但每一个工作簿拥有工作表的最大数目会受到所用计算机可用内存的限制。
>
> 　　(2) 工作表。它是一张二维表,由行和列组成,是 Excel 完成工作的基本单位,Excel 2010 中每张工作表最多可以有 1048576 行、16384 列数据。
>
> 　　(3) 单元格。工作表中由列和行所构成的"存储单元",是组成工作表的最小单位,输入的所有数据都是保存在单元格中,每个单元格都有其固定的地址,由行号和列号来定位,如"A3"就代表了第"A"列、第"3"行的单元格。
>
> 　　(4) 单元格区域。若干个连续的组成矩形形状的单元格称为单元格区域,其地址通常用"左上角单元格地址:右下角单元格地址"表示,其中":"为区域运算符,例如,B3:E6 表示 B3 单元格至 E6 单元格所组成的矩形区域内的所有单元格。

任务一　工作表基本操作

具体要求如下:

(1) 将实验三素材文件夹中的文本文件"计算机成绩.txt"导入 Excel,将生成的工作表命名为"计算机成绩",相应的工作簿命名为"实验 3_1.xlsx",保存至"实验三"文件夹。

(2) 在"学号"所在列的前面插入新的一列"序号",并利用填充柄生成"01""02"…"20"数据。

（3）在工作表上方插入一行，输入标题"班级计算机成绩统计表"，设置合并及居中，行高为 40，主标题文字设置为隶书、20 号；各列标题文字设置为华文仿宋、12 号、加粗、浅蓝色底纹。在表格中输入所占成绩比例，最后将整张表格设置为粗线外框加细线内框，样张如图 3－1 所示。

序号	学号	姓名	平时成绩	期中成绩	期末成绩	总成绩
班级计算机成绩统计表						
01	140301	小萌	85	90	88	
02	140302	麦兜	96	95	97	
03	140303	豆豆	90	80	75	
04	140304	雨桐	80	75	88	
05	140305	开心	70	81	86	
06	140314	大白	85	84	90	
07	140307	瑞子	86	90	92	
08	140308	西西	80	85	88	
09	140309	安迪	50	62	70	
10	140310	秀贤	75	72	76	
11	140311	紫薇	95	98	98	
12	140312	非儿	60	48	63	
13	140313	小舒	89	90	88	
14	140314	范范	87	81	75	
15	140315	航宝	68	89	86	
16	140316	恩和	80	90	90	
17	140317	媛媛	69	85	75	
18	140318	竹心	90	86	73	
19	140319	云子	92	84	80	
20	140320	一休	88	90	96	
				所占比例：	平时	10%
					期中	30%
					期末	60%

图 3－1 "计算机成绩表"样张

1. 导入数据

操作步骤：

（1）启动 Excel 2010，系统自动创建了一个默认名为"工作簿 1"的空白工作簿，如图 3－2 所示，内含 3 张工作表。

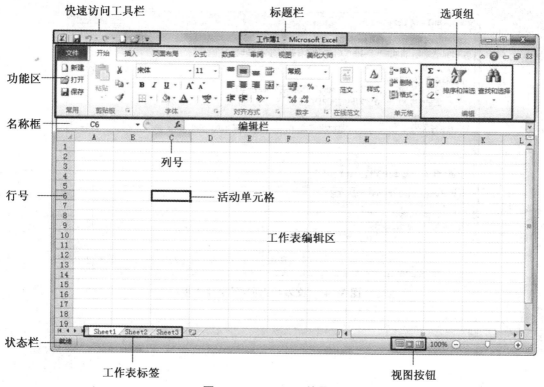

图 3－2 Excel 2010 的界面

（2）单击"数据"选项卡→"获取外部数据"选项组→【自文本】工具按钮。

（3）在打开的"导入文本文件"对话框中，选中实验三素材文件夹中的文本文件"学生成绩.txt"，如图 3-3 所示，单击【导入】按钮。

（4）在出现的"文本导入向导—第 1 步，共 3 步"对话框中，"原始数据类型"采用默认的"分隔符号"，如图 3-4 所示，单击【下一步】按钮。

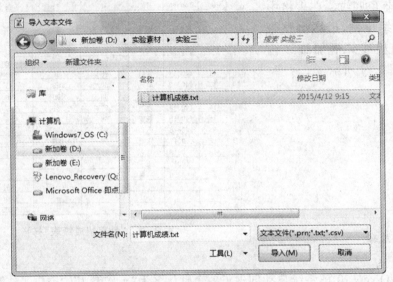

图 3-3 "导入文本文件"对话框

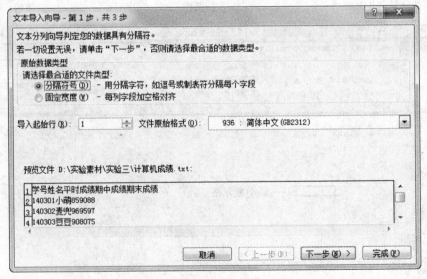

图 3-4 "文本导入向导"之第 1 步

（5）在出现的"文本导入向导—第 2 步，共 3 步"对话框中，"分隔符号"选择默认的 Tab 键，如图 3－5 所示，单击【下一步】按钮。

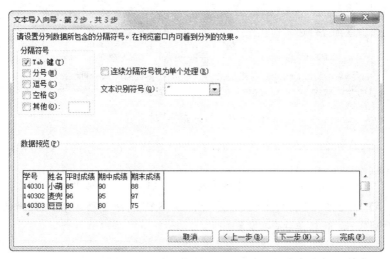

图 3－5　"文本导入向导"之第 2 步

（6）在出现的"文本导入向导—第 3 步，共 3 步"对话框中，将"学号"对应的列数据格式设置为"文本"选项，其余采用默认的"常规"格式，如图 3－6 所示，最后单击【完成】按钮。

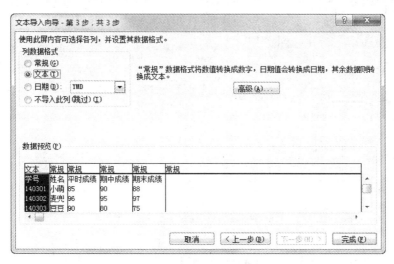

图 3－6　"文本导入向导"之第 3 步

（7）将导入的数据从工作表 Sheet1 的第一行第一列（即 A1 单元格）开始存放，现有工作表默认数据的放置位置为"=$A$1"，如图 3－7 左侧所示，单击【确定】按钮进行导入。

图 3-7　"导入数据"对话框

注意

　　如果现有工作表 Sheet1 中的活动单元格不是 A1 而是其他单元格,则需要用鼠标选中 Sheet1 的 A1 单元格,相应的地址引用"=Sheet! $A$1"会自动添加至数据的放置位置,如图 3-7 右侧所示,最后单击【确定】按钮。

---

　　(8) 导入完成后,在 Excel 中创建了一个如图 3-8 所示的含有导入数据的工作表 Sheet1。

图 3-8　数据导入成功后的工作表

　　(9) 对工作表 Sheet1 进行重命名,可通过以下方法。

　　方法 1:双击工作表标签"Sheet1",将工作表名改为"计算机成绩",按 Enter 键确认。

　　方法 2:右击工作表标签"Sheet1",在弹出的快捷菜单中执行"重命名"命令,输入"计算机成绩",按 Enter 键确认。

　　(10) 单击"开始"选项卡→"常用"选项组→【保存】工具按钮,如图 3-9 所示,将该文件保存至"实验三"文件夹中,命名为"实验 3_1.xlsx",最后单击【保存】按钮。

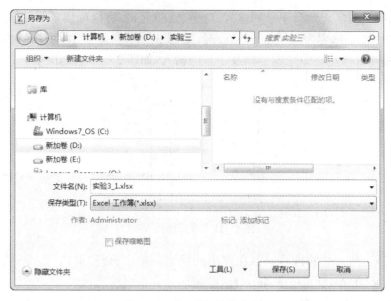

图 3-9　"文件保存"对话框

2. 利用填充柄输入数据

操作步骤：

（1）选中工作表"计算机成绩"中的 F1 单元格，输入"总成绩"。

（2）右击该工作表的列号"A"，在弹出的快捷菜单中执行"插入"命令，在工作表的左侧插入新的一列。

（3）在新的第一列的 A1 单元格中，输入列标题"序号"，再选中 A2 单元格，要输入数据01，先输入英文单引号"'"（事先需按Ctrl+空格组合键关闭中文输入法），再输入"01"。正确的输入如图 3-10 左侧的 A1 单元格所示，图中的 B1 和 A2 单元格的数据均不符合要求，正确输入后的显示状态应该是单引号消失，单元格左上角出现绿色三角，如图 3-10 右侧所示。

图 3-10　文本数字串的输入

说明

（1）填充柄。Excel 中提供的快速填充单元格工具。当鼠标指针移动到选定的单元格右下角时，会变成黑实心十字形，此黑十字所在的点即为填充柄。按住填充柄拖动，可将选定单元格内容复制到相应的单元格中，填充柄除了复制内容还可以复制公式和格式。

（2）行号。位于工作表的左端，顺序依次为数字 1, 2, 3……，在 Excel 2010 中行号的最大值为 1048576。

（3）列号。位于工作表的上端，顺序依次为字母 A, B, C……，在 Excel 2010 中最右边的列号为 XFD。

（4）利用填充柄实现剩余序号的输入，选中 A2 单元格，将鼠标移至单元格的右下角，待鼠标形状由空心十字形变为黑实心十字形时，如图 3-11 左侧所示；按住鼠标左键并拖至 A21 单元格，松开鼠标左键即完成了剩余序号的输入，如图 3-11 右侧所示。

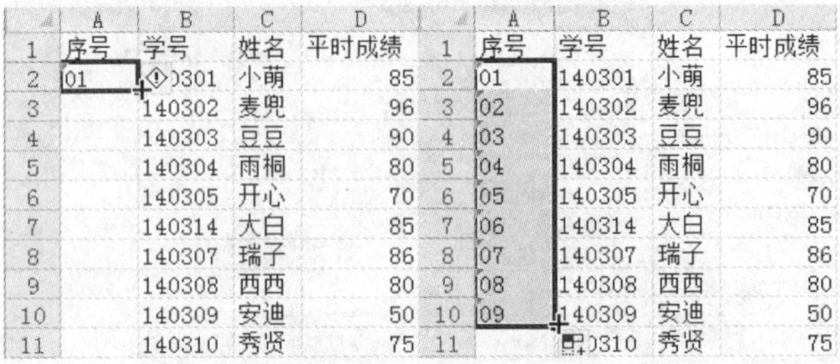

	A	B	C	D		A	B	C	D
1	序号	学号	姓名	平时成绩	1	序号	学号	姓名	平时成绩
2	01	◇301	小萌	85	2	01	140301	小萌	85
3		140302	麦兜	96	3	02	140302	麦兜	96
4		140303	豆豆	90	4	03	140303	豆豆	90
5		140304	雨桐	80	5	04	140304	雨桐	80
6		140305	开心	70	6	05	140305	开心	70
7		140314	大白	85	7	06	140314	大白	85
8		140307	瑞子	86	8	07	140307	瑞子	86
9		140308	西西	80	9	08	140308	西西	80
10		140309	安迪	50	10	09	140309	安迪	50
11		140310	秀贤	75	11	⏰10	)0310	秀贤	75

图 3-11　填充柄操作

（5）右击该工作表的的行号"1"，在弹出的快捷菜单中执行"插入"命令，在工作表的上方插入新的一行，在 A1 单元格中，输入标题"班级计算机成绩统计表"。

（6）参照样张，在 G23，G24，G25 单元格中，分别输入 10％，30％，60％，并将其他文字"所占比例："，"平时"，"期中""期末"等内容全部输入工作表相应位置。

（7）按 Ctrl+S 组合键，再次保存文件。

注意

（1）在单元格中输入数据，输入结束后按 Enter 键、Tab 键、四个箭头"编辑"键或用鼠标单击编辑栏的"√"按钮均可确认输入；按 Esc 键或单击编辑栏的"×"按钮可取消输入。

（2）单元格中数据的默认对齐方式是：文本左对齐；数值、日期、时间右对齐。

（3）输入以 0 开头的数字编号时，需要按照文本格式录入，即在数据前加上英文单引号，输完后单引号不再出现，数据将左对齐。

（4）日期型数据的输入方式可以是"mm/dd/yy""yy-mm-dd"，例如，"2002/8/4"或"2002-8-4"。

（5）输入带分数 $4\frac{3}{5}$ 时，应输入"4 3/5"，在整数和分数之间应有一个空格，当分数小于 1 时，如 $\frac{3}{5}$，要写成"0 3/5"，若直接输入"3/5"，会显示成 3 月 5 日。

---

3. 工作表格式化

操作步骤：

（1）选中工作表"计算机成绩"中的单元格区域 A1：G1，可采用以下方法将标题设置为合并及居中。

方法 1：单击"开始"选项卡→"对齐方式"选项组→【合并及居中】工具按钮。

方法 2：单击"开始"选项卡→"单元格"选项组→【格式】工具按钮，在下拉列表中单击"设置单元格格式"，在打开的"设置单元格格式"对话框中，单击"对齐"选项卡，将文本控制设置为"合并单元格"，并将水平对齐和垂直对齐均设为"居中"，如图 3-12 所示，最后单击

【确定】按钮。

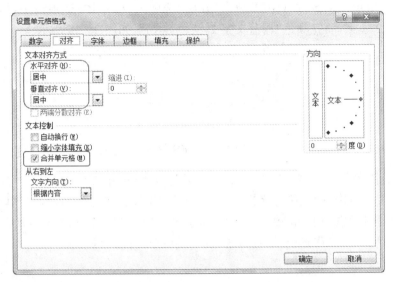

图 3-12 "设置单元格格式"对话框

（2）通过以下 3 种方法调整第一行的行高。

方法 1：右击行号"1"，在弹出的快捷菜单中执行"行高"命令，如图 3-13 所示，将行高设置为 40，单击【确定】按钮。

方法 2：选中第一行的任意一个单元格，单击"开始"选项卡→"单元格"选项组→【格式】工具按钮，在下拉列表中单击"行高"，如图所示，将行高设置为 40，单击【确定】按钮。

方法 3：鼠标移至行号 1 和 2 的交界处，当鼠标出现双向箭头时，拖动鼠标向下移动，拖动时，如图 3-14 所示，可以清晰看到行高（列宽）的数值的变化，列宽的调整也可采用此方法。

图 3-13 "行高"对话框

图 3-14 利用鼠标拖曳来调整行高

注意

（1）调整最合适的行高和列宽：将鼠标移至两个行号（或列号）的交界处，当鼠标指针形状变为双向箭头时，双击鼠标，可自动将行高（列宽）调整至最合适的高（宽）度。

（2）如果单元格中的数据出现"#####"字样，是因为单元格的列宽不够宽，数据不能完整显示，可采用上面的方法 3，在列号的交界处，用鼠标将列宽拖动到适合的宽度。

（3）可采用以下两种方法设置列标题字体。

方法1：选中单元格区域A2：G2，单击"开始"选项卡→"字体"选项组中设置字体"华文仿宋"、加粗、12号字，填充颜色"深蓝文字2，淡色80％"，如图3－15所示。

图3－15 字体设置

方法2：选中单元格区域A2：G2，单击"开始"选项卡→"单元格"选项组→【格式】工具按钮，在下拉列表中单击"设置单元格格式"，如图3－16所示，在打开的"设置单元格格式"对话框中，单击"字体"选项卡，将第二行的列标题的字体设置为"华文仿宋"，加粗、12号字；再单击"填充"选项卡，将"背景色"设置为浅蓝色，最后单击【确定】按钮。

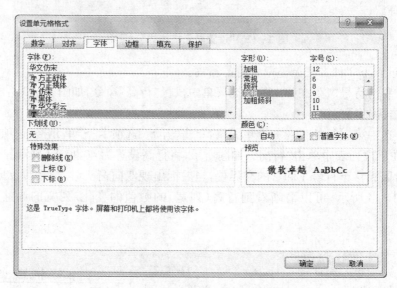

图3－16 "设置单元格格式"之"字体"选项卡

（4）采用同样的方法，将该工作表中的主标题设置为隶书，20号，加粗，加下划线；工作表其余数据均设置为宋体，10号字。

（5）设置表格内外框线，可采用以下两种方法。

方法1：选中表格中的A1：G25区域，单击"开始"选项卡→"单元格"选项组→【格式】工具按钮，在下拉列表中单击"设置单元格格式"，在打开的对话框中，单击"边框"选项卡，在"线条样式"框中选择最粗实线，单击"外边框"，再在"线条样式"框中选择最细实线，单击"内部"，如图3－17所示，最后单击【确定】按钮。

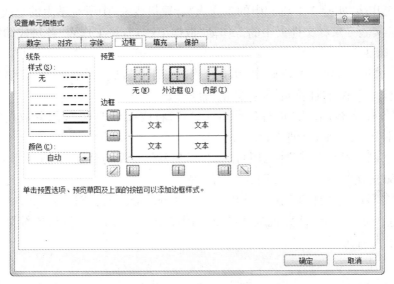

图 3‑17　"设置单元格格式"之"边框"选项卡

注意

设置粗细不同的内外边框时,必须要先选好线条样式即线条的粗细虚实,再选择边框的类别才能成功设置。

方法 2:选中表格中的 A1:G25 区域,单击"开始"选项卡→"字体"选项组→【框线】工具按钮,在下拉列表中先单击"所有框线",再单击"粗匣框线",如图 3‑18 所示。

图 3‑18　设置工作表框线

(6) 按 Ctrl+S 组合键,再次保存文件。

任务二　公式和函数使用

具体要求如下:

(1) 根据公式"总成绩=平时成绩×平时比例+期中成绩×期中比例+期末成绩×期末比

例”，计算出工作簿“实验 3_1.xlsx”中的工作表“计算机成绩”中所有学生的总成绩。

(2) 打开实验三素材文件夹中的工作簿“数据 1.xlsx”，将工作表“各科成绩统计表”复制至工作簿“实验 3_1.xlsx”中。

(3) 在工作簿“实验 3_1.xlsx”中，引用工作表“计算机成绩”中的“总成绩”作为工作表“各科成绩统计表”中的“计算机”所在列的成绩。

(4) 对“各科成绩统计表”进行条件格式设置，将成绩小于 60 分的分数设置为“浅红填充色深红文本”突出显示，方便查看。

(5) 在“各科成绩统计表”中，计算出每位学生各门功课的总成绩、班级排名及所获荣誉(注：总分>360 可获“学习星”)，如图 3－19 所示。

(6) 在“各科成绩统计表”中，计算出各门功课的均分、最高分和最低分。

(7) 新建一张工作表“计算机统计结果”，用以统计工作表“计算机成绩”中总成绩的各分数段人数及所占比例。

	A	B	C	D	E	F	G	H	I	J	K
2	2014——2015年度第一学期 工学院2014级学生成绩登记表										
3	专业:	通信工程					班级:	1403			
4	序号	学号	姓名	性别	高等数学	普通物理	外语	计算机	总成绩	奖励	班级排名
5	01	140301	小萌	男	98.0	88.0	90.0	88.3	364.3	学习星	4
6	02	140302	麦兜	女	66.0	89.0	97.0	96.3	348.3	-	9
7	03	140303	豆豆	女	56.5	73.0	81.0	78.0	288.5	-	19
8	04	140304	雨桐	男	79.5	88.5	90.5	83.3	341.8	-	13
9	05	140305	开心	女	69.5	76.5	98.0	82.9	326.9	-	17
10	06	140314	大白	男	90.0	87.0	86.0	87.7	350.7	-	6
11	07	140307	瑞子	男	94.5	76.5	88.5	90.8	350.3	-	7
12	08	140308	西西	女	96.0	76.0	81.0	86.3	339.3	-	14
13	09	140309	安迪	女	98.0	87.0	81.5	65.6	332.1	-	15
14	10	140310	秀贤	男	59.5	80.5	70.5	74.7	285.2	-	20
15	11	140311	紫薇	女	96.0	88.0	99.0	97.7	380.7	学习星	2
16	12	140312	非儿	女	78.0	96.0	89.0	58.2	321.2	-	18
17	13	140313	小舒	男	89.0	91.0	90.0	88.7	358.7	-	5
18	14	140314	范范	男	85.0	95.0	85.0	78.0	343.0	-	10
19	15	140315	航宝	男	93.0	92.0	79.0	85.1	349.1	-	8
20	16	140316	恩和	女	91.0	78.0	84.0	89.0	342.0	-	12
21	17	140317	嫒嫒	女	93.0	82.0	77.0	77.4	329.4	-	16
22	18	140318	竹心	女	78.0	93.0	93.0	78.6	342.6	-	11
23	19	140319	云子	女	99.0	95.0	96.0	82.4	372.4	学习星	3
24	20	140320	一休	男	100.0	99.0	92.0	93.4	384.4	学习星	1
25	平均分				85.5	86.6	87.4	83.1	342.5		
26	最高分				100.0	99.0	99.0	97.7	384.4		
27	最低分				56.5	73.0	70.5	58.2	285.2		

图 3－19 “各科成绩统计表”样张

1. 根据公式计算总成绩

> **说明**
>
> Excel 公式。以等号开头，用运算符连接对象组成的表达式，可包含算术运算、比较运算和函数运算，如图 3-20 所示。

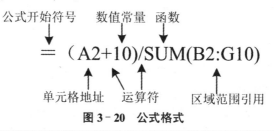

图 3-20 公式格式

操作步骤：

（1）计算工作表"计算机成绩"中第一位学生的总成绩，可采用以下两种方法。

方法 1：选中 G3 单元格，输入公式"=D3*10％+E3*30％+F3*60％"，按 Enter 键确认，或单击编辑栏上的"√"。（★请认真阅读下面的注意和说明，并试试方法 2）

> **注意**
>
> （1）公式中的单元格地址除了直接输入外，也可以用鼠标单击相应的单元格自动添加。
>
> （2）本题中如果成绩比例有新的变化，采用方法 1 计算，则公式也需要重新调整，比较麻烦，如果不采用固定的比例值（如 10％）直接参与运算，而用单元格的地址（如 G23）来引用比例，可以发现当比例发生变化时，对应总成绩中引用的数据会随着单元格的变化自动更新。

> **说明**
>
> （1）相对引用。用单元格的地址（如 G23）引用单元格数据的一种方式。在复制或移动单元格时，单元格的引用会随着目标单元格位置的变化而改变。
>
> （2）绝对引用。和相对引用不同的是，引用单元格地址时，在行号和列号前都加一个"$"符号（如$G$23），$符号像一把锁，锁定了该单元格的内容，在复制或移动单元格时，单元格的引用不会随着目标单元格位置的变化而改变。
>
> （3）混合引用。引用单元格地址时，在行号或列号前仅加一个"$"符号，例如，$C6 或 C$6，$C6 表示在复制或移动单元格时，列号 C 始终不变而行号 6 会随着行位置的变化而变化；C$6 表示在复制或移动单元格时，行号 6 始终不变而列号 C 会随着列位置的变化而变化。

方法 2：选中 G3 单元格，输入公式"=D3*$G$23+E3*$G$24+F3*$G$25"，按 Enter 键确认。

（2）选中 G3 单元格，拖动填充柄至 G22 单元格，计算出其余学生的总成绩。

注意

公式中部分单元格的地址为什么要加 $ 符号？如果去掉，在 G3 单元格中直接输入"=D3*G23+E3*G24+F3*G25"，再用填充柄生成其他数据，结果会怎样？请试一试，观察是否有区别。

2. 复制工作表

操作步骤：

（1）打开实验三素材文件夹中的工作簿文件"数据 1.xlsx"，右击工作表标签"各科成绩统计表"，在弹出的快捷菜单中执行"移动或复制"命令。

（2）在打开的"移动或复制工作表"对话框中，通过下拉列表将"选定的工作表移至工作簿"设置为"实验 3_1.xlsx"工作簿，同时勾选"建立副本"复选框，如图 3－21 所示，单击【确定】按钮，则工作表"各科成绩统计表"就被复制到工作簿"实验 3_1.xlsx"中。

图 3－21 "移动或复制工作表"对话框

注意

选中"建立副本"，是复制该工作表，否则是不选中（即默认状态），则会直接将该工作表移至其他工作簿。

3. 跨工作表引用数据

操作步骤：

（1）在工作簿"实验 3_1.xlsx"中，选中工作表"各科成绩统计表"，单击 H5 单元格，输入"="然后依次单击工作表"计算机成绩"标签，再单击该工作表中的 G3 单元格，编辑栏中会出现"=计算机成绩! G3"，如图 3－22 所示，按 Enter 键或单击编辑栏上的"√"确认。

$$\times \checkmark f_x \quad =\text{计算机成绩表!G3}$$

图 3－22 跨工作表引用数据

（2）选中 H5 单元格，拖动填充柄至 H24 单元格，则完成所有学生的计算机成绩引用。

说明

（1）跨工作表引用数据：如果从当前工作簿的其他工作表中引用单元格数据，其引用格式为：工作表标签！单元格地址，如：计算机成绩！G3。

（2）跨工作簿引用数据：如果从其他工作簿的工作表中引用单元格数据，其引用格式为：[工作簿名]工作表名！单元格地址，如：[实验3_1.xlsx]计算机成绩！G3。

4. 设置条件格式

操作步骤：

（1）为小于60分的数据设置条件格式，在工作表"各科成绩统计表"中选中 E5：H24 单元格区域，单击"开始"选项卡→"样式"选项组→【条件格式】工具按钮，然后在下拉列表的"突出显示单元格规则"中选择"小于"命令。

（2）在打开的"小于"对话框中，输入值"60"，将单元格的颜色显示设置为"浅红填充色深红色文本"，如图 3‑23 所示，最后单击【确定】按钮。

图 3‑23 条件格式设置对话框

说明

条件格式：是指如果指定的单元格满足了特定的条件，Excel 便以一种醒目的格式（比如不同的边框、颜色、字体、底纹等）来突出显示单元格。

（3）条件格式设置的结果如图 3‑24 所示。

学号	姓名	性别	高等数学	普通物理	外语	计算机
140301	小萌	男	98.0	88.0	90.0	88.3
140302	麦兜	女	66.0	89.0	97.0	96.3
140303	豆豆	女	56.5	73.0	81.0	78.0
140304	雨桐	男	79.5	88.5	90.5	83.3
140305	开心	女	69.5	76.5	98.0	82.9
140314	大白	男	90.0	87.0	86.0	87.7
140307	瑞子	男	94.5	76.5	88.5	90.8
140308	西西	女	96.0	76.0	81.0	86.3
140309	安迪	女	98.0	87.0	81.5	65.6
140310	秀贤	男	59.5	80.5	70.5	74.7
140311	紫薇	女	96.0	88.0	99.0	97.7
140312	菲儿	女	78.0	96.0	89.0	58.2
140313	小舒	男	89.0	91.0	90.0	88.7

图 3‑24 设置"小于 60 分"的条件格式显示结果

（4）按 Ctrl+S 组合键，再次保存文件。

5. 常用函数的使用

1）利用 SUM 函数计算总成绩

操作步骤：

（1）在工作表"各科成绩统计表"中分别利用"公式计算""SUM 函数"和"∑求和"三种方

法计算出第一位学生的总成绩。

方法 1:选中 I5 单元格,输入"=E5+F5+G5+H5",如图 3-25 所示,按 Enter 键确认。

	B	C	D	E	F	G	H	I
4	学号	姓名	性别	高等数学	普通物理	外语	计算机	总成绩
5	140301	小萌	男	98.0	88.0	90.0	88.3	=E5+F5+G5+H5
6	140302	麦兜	女	66.0	89.0	97.0	96.3	348.3
7	140303	豆豆	女	56.5	73.0	81.0	78.0	288.5

图 3-25 "学生成绩统计表"样张

方法 2:

> **说明**
>
> (1) 函数是 Excel 提供的用于数值计算和数据处理的现成的公式,由函数名和参数构成。其语法形式为"函数名(参数 1,参数 2,…)",其中参数可以是常量、单元格地址、单元格区域、名称或其他函数。
>
> (2) 常用函数包括求和 SUM、平均值 AVERAGE、最大值 MAX、最小值 MIN、条件函数 IF、排名函数 RANK. EQ、统计个数函数 COUNT 和统计满足条件的个数函数 COUNTIFS 等。

① 选中 I5 单元格,插入函数可以按 Shift+F3 组合键,或单击编辑栏上的"fx"函数,或单击"公式"选项卡→"函数库"选项组→【fx 插入函数】工具按钮。

② 在打开的"插入函数"对话框中,选择类别"常用函数",再选中"SUM 函数",如图 3-26 所示,单击【确定】按钮。

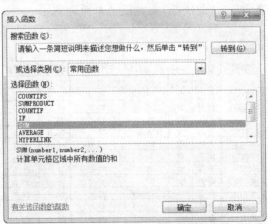

图 3-26 "插入函数"对话框

> **注意**
>
> (1) 学习函数要充分利用 Excel 提供的帮助系统,如图所示,在插入函数时,单击图 3-26 中左下角的"有关该函数的帮助",可以查看该函数的功能、语法和示例介绍。
>
> (2) 查找所需要的函数可以通过类别查找,也可以利用图 3-26 中上方的"搜索函数"功能,通过关键词(如函数名、函数功能)找到相应函数。

③ 在打开的"函数参数"对话框中,如图 3 - 27 所示,单击图中红色的"折叠"按钮将对话框最小化,再用鼠标选中要参加求和的单元格区域 E5:H5,然后单击"折叠"按钮还原对话框;或者直接在 Number1 右边的文本框中输入单元格区域"E5:H5",最后单击【确定】按钮。

图 3 - 27 "SUM 函数参数"设置对话框

说明
(1) Excel 提供了一个自动求和的按钮【∑】,可以快速地求出行和及列和。
(2) 使用【∑】按钮只能计算连续区域的数据,默认是求列和。
(3) 单击【∑】按钮右侧箭头,其下拉列表中提供求平均值、计数、最大值等其他函数。

方法 3　选中 I5 单元格,单击"开始"选项卡→"编辑"选项组→【∑】工具按钮,如图 3 - 28 所示,按 Enter 键确认。

姓名	性别	高等数学	普通物理	外语	计算机	总成绩	奖励	班级排名
小萌	男	98.0	88.0	90.0	88.3	=SUM(E5:H5)		
麦兜	女	66.0	89.0	97.0	96.3	SUM(number1, [number2], ...)		
豆豆	女	56.5	73.0	81.0	78.0			
雨桐	男	79.5	88.5	90.5	83.3			

图 3 - 28 利用【∑】按钮进行求和

(2) 计算出第一位学生的总成绩后,其余学生总成绩的生成可利用填充柄复制公式的功能,先选中 I5 单元格,再拖动填充柄至 I24 单元格,即可计算出所有成绩,操作如图 3 - 29 所示。

学号	姓名	性别	高等数学	普通物理	外语	计算机	总成绩
140301	小萌	男	98.0	88.0	90.0	88.3	364.3
140302	麦兜	女	66.0	89.0	97.0	96.3	348.3
140303	豆豆	女	56.5	73.0	81.0	78.0	288.5
140304	雨桐	男	79.5	88.5	90.5	83.3	341.8
140305	开心	女	69.5	76.5	98.0	82.9	326.9
140314	大白	男	90.0	87.0	86.0	87.7	350.7
140307	瑞子	男	94.5	76.5	88.5	90.8	350.3
140308	西西	女	96.0	76.0	81.0	86.3	339.3
140309	安迪	男	98.0	87.0	81.5	65.6	332.1
140310	秀贤	男	59.5	80.5	70.5	74.7	285.2
140311	紫薇	女	96.0	88.0	99.0	97.7	380.7
140312	菲儿	女	78.0	96.0	89.0	58.2	321.2

图 3 - 29 利用填充柄复制公式

> **说明**
>
> （1）AVERAGE 函数，返回参数平均值，语法：AVERAGE(Number1，Number2……)
>
> （2）MAX 函数，求最大值函数，返回参数最大值，语法：MAX(Number1，Number2……)
>
> （3）MIN 函数，求最小值函数，返回参数最小值，语法：MIN(Number1，Number2……)

2）利用 AVERAGE、MAX 和 MIN 函数求出各门功课的均分、最高和最低分

操作步骤：

采用上面的方法 2 利用 SUM 函数求和的方法，先用 AVERAGE、MAX 和 MIN 函数分别计算出高等数学的均分、最高分和最低分，其余科目的成绩数据采用填充柄生成，结果如图 3-30 所示。

序号	学号	姓名	性别	高等数学	普通物理	外语	计算机	总成绩
	平均分			85.5	86.6	87.4	83.1	342.5
	最高分			100.0	99.0	99.0	97.7	384.4
	最低分			56.5	73.0	70.5	58.2	285.2

图 3-30　求均分、最高分和最低分的结果显示

3）利用 IF 函数进行荣誉评定（成绩大于 360 分评为"学习星"）

> **说明**
>
> （1）IF 函数是条件函数，用以判断是否满足某个条件，如果满足返回一个值，如果不满足则返回另一个值。
>
> （2）语法：IF(logical_test，value_if_true，value_if_false)，其中，参数 logical_test 代表条件；Value_if_true 表示条件成立得到的返回值；Value_if_false 表示条件不成立得到的返回值。

操作步骤：

（1）计算第一位同学的荣誉评定，可以采用以下 2 种方法。

方法 1：① 选中 J5 单元格，按 Shift+F3 组合键，出现"插入函数"对话框。② 选择"常用函数"类别，在常用函数中选择 IF 函数，单击"确定"按钮。③ 在打开的"函数参数"对话框中，分别在 logical_test，Value_if_true 和 Value_if_false 右边的文本框中输入"I5>360""学习星"和"-"，如图 3-31 所示，单击【确定】按钮。

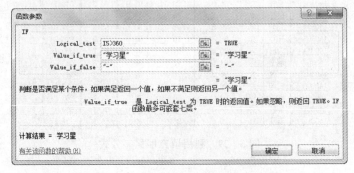

图 3-31　"IF 函数参数"设置对话框

　　方法 2：选中 J5 单元格，直接输入公式"=IF(I5>360,"学习星","-")"，按 Enter 键确认（公式中的所有运算符号和标点符号要求是西文字符）。

　　（2）选中计算出结果的 J5 单元格，拖动填充柄至 J24 单元格，得到所有学生的荣誉评定，如图 3-32 所示。

学号	姓名	性别	高等数学	普通物理	外语	计算机	总成绩	奖励
140301	小萌	男	98.0	88.0	90.0	88.3	364.3	学习星
140302	麦兜	女	66.0	89.0	97.0	96.3	348.3	-
140303	豆豆	女	56.5	73.0	81.0	78.0	288.5	-
140304	雨桐	男	79.5	88.5	90.5	83.3	341.8	-
140305	开心	女	69.5	76.5	98.0	82.9	326.9	-
140314	大白	男	90.0	87.0	86.0	87.7	350.7	-
140307	瑞子	男	94.5	76.5	88.5	90.8	350.3	-
140308	西西	女	96.0	76.0	81.0	86.3	339.3	-
140309	安迪	女	98.0	87.0	81.5	65.6	332.1	-
140310	秀贤	男	59.5	80.5	70.5	74.7	285.2	-
140311	紫薇	女	96.0	88.0	99.0	97.7	380.7	学习星
140312	菲儿	女	78.0	96.0	89.0	58.2	321.2	-
140313	小舒	男	89.0	91.0	90.0	88.7	358.7	-
140314	范范	男	85.0	95.0	85.0	78.0	343.0	-
140315	航宝	男	93.0	92.0	79.0	85.1	349.1	-
140316	恩和	男	91.0	78.0	84.0	89.0	342.0	-
140317	嫒嫒	女	93.0	82.0	77.0	77.4	329.4	-
140318	竹心	女	78.0	93.0	93.0	78.6	342.6	-
140319	云子	女	99.0	95.0	96.0	82.4	372.4	学习星
140320	一休	男	100.0	99.0	92.0	93.4	384.4	学习星

图 3-32　利用 IF 函数进行奖励评定的结果显示

4）利用 RANK.EQ 函数对成绩进行排名

> **说明**
>
> 　　（1）RANK.EQ 函数是排名函数，求某一个数值在某一区域内的排名。
> 　　（2）语法：RANK.EQ(number,ref,[order])，其中，参数 number 为需要求排名的那个数值或者单元格名称（单元格内必须为数字）；ref 为排名的参照数值区域；order 的值为 0 和 1，默认不用输入，得到的就是从大到小的排名，若是想求倒数第几，order 的值请使用 1。

　　操作步骤：

　　（1）选中 K5 单元格，按 Shift+F3 组合键，出现"插入函数"对话框。

　　（2）在打开的"函数参数"对话框中，如图 3-33 所示，选择"统计"类别，在统计函数中选择 RANK.EQ 函数，单击【确定】按钮。

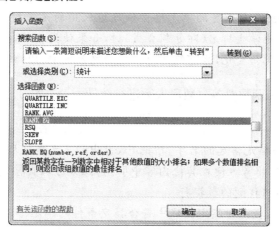

图 3-33　"插入函数"对话框

（3）在打开的"函数参数"对话框中，分别在 Number 和 Ref 右边的文本框中输入"I5""$I$5：$I$24"，如图 3-34 所示，单击【确定】按钮。

图 3-34 "RANK.EQ 函数参数"设置对话框

（4）选中计算出结果的 K5 单元格，拖动填充柄至 K24 单元格，得到所有的成绩排名，如图 3-35 所示。

姓名	性别	高等数学	普通物理	外语	计算机	总成绩	奖励	班级排名
小萌	男	98.0	88.0	90.0	88.3	364.3	学习星	4
麦兜	女	66.0	89.0	97.0	96.3	348.3	-	9
豆豆	女	56.5	73.0	81.0	78.0	288.5	-	19
雨桐	男	79.5	88.5	90.5	83.3	341.8	-	13
开心	女	69.5	76.5	98.0	82.9	326.9	-	17
大白	男	90.0	87.0	86.0	87.7	350.7	-	6
瑞子	男	94.5	76.5	88.5	90.8	350.3	-	7
西西	女	96.0	76.0	81.0	86.3	339.3	-	14
安迪	男	98.0	87.0	81.5	65.6	332.1	-	15
秀贤	男	59.5	80.5	70.5	74.7	285.2	-	20
紫薇	女	96.0	88.0	99.0	97.7	380.7	学习星	2
菲儿	女	78.0	96.0	89.0	58.2	321.2	-	18
小舒	男	89.0	91.0	90.0	88.7	358.7	-	5
范范	男	85.0	95.0	85.0	78.0	343.0	-	10
航宝	男	93.0	92.0	79.0	85.1	349.1	-	8
恩和	男	91.0	78.0	84.0	89.0	342.0	-	12
媛媛	女	93.0	82.0	77.0	77.4	329.4	-	16
竹心	女	78.0	93.0	93.0	78.6	342.6	-	11
云子	女	99.0	95.0	96.0	82.4	372.4	学习星	3
一休	男	100.0	99.0	92.0	93.4	384.4	学习星	1

图 3-35 利用 RANK.EQ 函数进行成绩排名的结果显示

注意

RANK.EQ 中的 ref 参数设置的单元格区域地址采用的是绝对地址"$I$5：$I$24"，因为利用填充柄计算其他学生排名（即复制公式）时，如果使用相对地址"I5：I24"，则地址会随着单元格位置的变化而变化，只有绝对地址能始终锁定 I5：I24 的总成绩数据区域。

5）利用 COUNTIFS 函数对各分数段人数进行统计

说明

（1）名称：就是给单元格起的名字，指把 Excel 中的单元格区域、函数、常量或者一个表格定义成一个名字，非常方便在其他内容中引用，比如可以直接代入公式计算，根据名称可以快速地定位到想找到的数据行。

（2）COUNTIFS 函数是对指定区域中符合指定条件的单元格进行计数。

（3）语法：COUNTIFS(criteria_range1,criteria1,criteria_range2,criteria2……)，其中，参数 criteria_range1 为第一个需要统计符合指定条件的单元格数目的单元格区域（简称条件区域）；criteria1 为第一个条件区域中指定的条件（简称条件），其形式可以为数字、表达式或文本。同理，criteria_range2 为第二个条件区域；criteria2 为第二个条件，依次类推。最终结果为多个区域中满足所有条件的单元格个数。

操作步骤：

（1）打开工作簿"实验 3_1.xlsx"，在工作表"计算机成绩"中选中单元格区域 G3：G22，如图 3-36 所示，在左上角的名称框中输入"计算机总成绩"，按 Enter 键确认，将单元格区域 G3：G22 命名为"计算机总成绩"。

计算机总成绩	▼		f_x	=D3*\$G\$23+E3*\$G\$24+F3*\$G

	A	B	C	D	E	F	G
2	序号	学号	姓名	平时成绩	期中成绩	期末成绩	总成绩
3	01	140301	小萌	85	90	88	88.3
4	02	140302	麦兜	96	95	97	96.3
5	03	140303	豆豆	90	80	75	78.0
6	04	140304	雨桐	80	75	88	83.3
7	05	140305	开心	70	81	86	82.9
8	06	140314	大白	85	84	90	87.7
9	07	140307	瑞子	86	90	92	90.8
10	08	140308	西西	80	80	88	86.3
11	09	140309	安迪	50	62	70	65.6
12	10	140310	秀贤	75	72	76	74.7
13	11	140311	紫薇	95	98	99	97.7
14	12	140312	非儿	60	48	61	58.2
15	13	140313	小舒	89	90	88	88.7
16	14	140314	范范	87	81	75	78.0
17	15	140315	航宝	68	89	86	85.1
18	16	140316	恩和	80	90	90	89.0
19	17	140317	嫒嫒	69	85	75	77.4
20	18	140318	竹心	90	86	73	78.6
21	19	140319	云子	92	84	80	82.4
22	20	140320	一休	88	90	96	93.4

图 3-36　设置名称"计算机总成绩"

	A	B	C	D	E	F
1	分数段	90-100（优秀）	80-89（良好）	70-79（中等）	60-69（及格）	59以下（不及格）
2	人数					
3	比例					

图 3-37　统计数据的待输入标题

（2）如图 3-37 所示，在新工作表 Sheet2 的单元格区域 A1：F3 中输入以下文字，其中输入 B1 单元格中的数据时，先输完"90～100"，再按 Alt+Enter 组合键进行换行，然后输入"（优秀）"，单元格中的数据就会分两行显示，同样的方法在 C1，D1，E1，F1 中输入相应数据。

（3）先统计计算机总成绩中 90 分以上的人数，选中 B2 单元格，按 Shift+F3 组合键，出现"插入函数"对话框。如图 3-38 所示，选择类别"统计"，在统计函数中选择 COUNTIFS 函数，单击【确定】按钮。

（4）在打开的"函数参数"对话框中，分别在条件区域 Criteria_Range1 和条件 Criteria1 右边的文本框中输入引用区域"计算机总成绩"和条件">=90"，如图 3-39 所示，单击【确定】按钮。

图 3-38　"插入函数"对话框

图 3 - 39 "COUNTIFS 函数参数"设置条件大于等于 90

(5) 选中 C2 单元格,由于统计的是区间"80~89",需要分别设置两个条件">=80"和"<90",所以在 C2 中使用函数 COUNTIFS 时要进行如图 3 - 40 所示的设置。

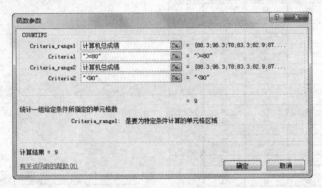

图 3 - 40 "COUNTIFS 函数参数"设置条件介于 80~90 之间

(6) 采用同样的方法在单元格 D2,E2,F2 中求出其他分数段的人数,如图 3 - 41 所示。

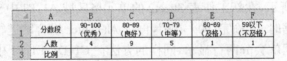

	A	B	C	D	E	F
1	分数段	90-100（优秀）	80-89（良好）	70-79（中等）	60-69（及格）	59以下（不及格）
2	人数	4	9	5	1	1
3	比例					

图 3 - 41 各分数段人数的统计结果

> **注意**
>
> (1) 该题统计各分数段的人数除了用 COUNTIFS 函数,还可以用 COUNTIF 和 SUMPRODUCT 等其他函数实现,如求 80~89 分数段的人数,可用以下 3 种方法实现:
>
> ① =COUNTIF(计算机总成绩,">=80")-COUNTIF(计算机总成绩,">=90");
>
> ② =COUNTIFS(计算机总成绩,">=80",计算机总成绩,"<90");
>
> ③ =SUMPRODUCT((计算机总成绩>=80)*(计算机总成绩<90))。
>
> (2) 对于其他两个函数 COUNTIF 和 SUMPRODUCT 的具体使用,大家可以通过帮助系统查看函数的功能介绍和相关示例进行进一步的了解和学习,观察这三者的区别。

(7) 求所占比例,利用公式"=分数段人数/总人数"进行计算,其中总人数统计是对 B2:

F2 单元格区域进行求和。选中 B3 单元格,输入公式"=B2/SUM($B$2:$F$2)",求出 90 分以上人数所占的比例,若要按百分比显示,再单击"开始"选项卡→"数字"选项组→【％】工具按钮,如图 3‑42 所示。

	A	B	C	D	E	F
1	分数段	90-100（优秀）	80-89（良好）	70-79（中等）	60-69（及格）	59以下（不及格）
2	人数	4	9	5	1	1
3	比例	20%				

图 3‑42　所占比例的计算公式

(8) 其他单元格数据利用拖动填充柄生成相应比例,结果如图 3‑43 所示。

	A	B	C	D	E	F
1	分数段	90-100（优秀）	80-89（良好）	70-79（中等）	60-69（及格）	59以下（不及格）
2	人数	4	9	5	1	1
3	比例	20%	45%	25%	5%	5%

图 3‑43　所占比例的全部计算结果

(9) 双击工作表标签"Sheet2",将该工作表名更名为"计算机统计结果"。

(10) 按 Ctrl+S 组合键,再次保存文件。

任务三　数据管理与分析

具体要求如下:

(1) 打开工作簿"实验 3_1.xlsx",将"各科成绩统计表"中的区域 E5:I24 复制到实验三素材文件夹中的工作簿"数据 2.xlsx"中的工作表"原始表"的单元格区域 F2:J21 中。

(2) 将工作表"原始表"复制 4 次,并将新生成的工作表依次更名为"排序表""筛选表""汇总表"和"数据表"。

(3) 将"排序表"中的学生成绩按高等数学成绩由高到低进行排序,如成绩相同者再按普通物理成绩进行排序。

(4) 在"数据表"中选出所有江苏籍的高等数学成绩大于 90 分且物理在前十名的学生。

(5) 在"筛选表"中选出总分在 340 分以上或者高等数学、普通物理和外语三门功课成绩均在 85 分以上的学生。

(6) 在"汇总表"中统计出各省份学生的高等数学、外语和计算机成绩的平均分。

(7) 在新工作表"透视表"中统计出各省份学生的高等数学和外语的最高分以及北京市和上海市学生高等数学和外语的平均分。

(8) 将工作簿"数据 2.xlsx"另存为"实验 3_2.xlsx",保存至"实验三"文件夹中。

1. 复制数据和工作表

操作步骤:

(1) 在工作簿"实验 3_1.xlsx"中选中工作表"各科成绩统计表"区域 E5:I24,右击鼠标,在弹出的快捷菜单中选择"复制"命令或直接按 Ctrl+C 组合键进行复制。

> **注意**
>
> 由于复制的数据有不少是通过公式生成的，如果直接粘贴会导致目标数据发生变化，即目标数据和原始数据不一致，所以采用选择性粘贴中的"粘贴值"的方法可以获取原始数据。

（2）打开实验三素材文件夹中的工作簿"数据2.xlsx"，将数据粘贴至工作表"原始表"中，可采用以下两种方法。

方法1：右击"原始表"表中的 F2 单元格，在弹出的快捷菜单中执行"粘贴选项"中的"值"命令，或者执行"选择性粘贴"→"粘贴数值"中的"值"命令，如图 3-44 所示，将学生成绩表中的数据直接以值的方式粘贴到原始表中。

方法2：单击"原始表"表中的 F2 单元格，按 Ctrl+Alt+V 组合键进行选择性粘贴，在打开的"选择性粘贴"的对话框中，如图 3-45 所示，选中粘贴"数值"，单击【确定】按钮。

> **说明**
>
> （1）数据清单就是以数据库的方式来管理数据。当数据被组织成一个数据清单之后，就可以被查询、排序、筛选以及分类汇总。
>
> （2）数据清单由若干列组成，每列有一个列标题，相当于数据库中表的字段名，列相当于字段，数据清单中的行相当于数据库中表的记录。
>
> （3）在一张 Excel 工作表中的数据清单与其他数据间至少要有一个空行和空列，数据清单中不应包含空行和空列。

图 3-44 "选择性粘贴"之"粘贴数值"

图 3-45 "选择性粘贴"对话框

（3）按住 Ctrl 键，再用鼠标按住"原始表"的工作表标签，当鼠标上面出现加号时，将其移至需要插入的位置，此时出现的黑色倒三角所处的位置即为新工作表插入的位置，释放鼠标和 Ctrl 键，从而复制出一张相同的工作表"原始表（2）"，双击"原始表（2）"工作标签，将工作表名改为"排序表"。

（4）采用同样的方法，将"原始表"再复制 3 次，将新生成的 3 张工作表分别更名为"筛选表""汇总表"和"数据表"。

2. 排序

操作步骤：

（1）选中"排序表"，单击数据清单中的任意一个单元格，再单击"数据"选项卡→"排序和筛选"选项组→【排序】工具按钮。

（2）在打开的"排序"对话框中，要求根据高等数学和普通物理的成绩由高到低排序，先设置主要关键字"高等数学"，次序设置为"降序"，然后单击"添加条件"按钮，设置次要关键字"普通物理"，次序为"降序"，如图 3－46 所示，单击【确定】按钮。

图 3－46 "排序"对话框

> **说明**
>
> 排序指按照清单中某一列数据的大小顺序重新排列记录的顺序，排序并不改变记录的内容，排序后的清单有利于记录查询。

（3）排序效果如图 3－47 所示。

	A	B	C	D	E	F	G	H	I	J
1	序号	学号	姓名	性别	籍贯	高等数学	普通物理	外语	计算机	总成绩
2	20	140320	一休	男	上海	100	99	92	93.4	384.4
3	19	140319	云子	女	江苏	99	95	96	82.4	372.4
4	01	140301	小萌	男	江苏	98	88	90	88.3	364.3
5	09	140309	安迪	女	四川	98	87	81.5	65.6	332.1
6	11	140311	紫薇	女	安徽	96	88	99	97.7	380.7
7	08	140308	西西	女	北京	96	76	81	86.3	339.3
8	07	140307	瑞子	男	安徽	94.5	76.5	88.5	90.8	350.3
9	15	140315	航宝	男	上海	93	92	79	85.1	349.1
10	17	140317	媛媛	女	四川	93	82	77	77.4	329.4
11	16	140316	恩和	女	江苏	91	78	84	89	342
12	06	140314	大白	男	四川	90	87	86	87.7	350.7
13	13	140313	小舒	男	江苏	89	91	90	88.7	358.7
14	14	140314	范范	男	北京	85	95	85	78	343
15	04	140304	雨桐	男	四川	79.5	88.5	90.5	83.3	341.8
16	12	140312	非儿	女	北京	78	96	89	58.2	321.2
17	18	140318	竹心	女	上海	78	93	93	78.6	342.6
18	05	140305	开心	女	安徽	69.5	76.5	98	82.9	326.9
19	02	140302	麦兜	女	上海	66	89	97	96.3	348.3
20	10	140310	秀贤	男	安徽	59.5	80.5	70.5	74.7	285.2
21	03	140303	豆豆	女	北京	56.5	73	81	78	288.5

图 3－47 排序后的结果显示

3. 自动筛选

操作步骤：

（1）选中工作表"数据表"，单击数据清单中的任意一个单元格。

（2）先选出江苏籍的学生。单击"数据"选项卡→"排序和筛选"选项组→【筛选】工具按钮，每个字段名右边都出现了一个按钮，单击"籍贯"右边的按钮，在如图 3－48 所示的下拉选项中,勾选"江苏"复选框,其余复选框取消选中,单击【确定】按钮。

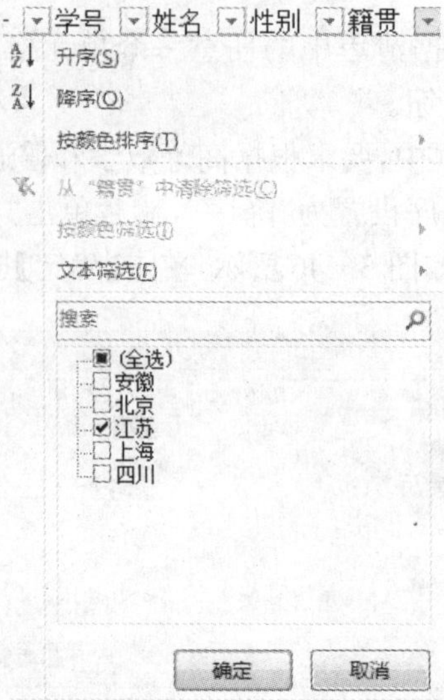

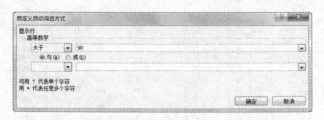

图 3-48 对"籍贯"进行筛选的设置界面

说明

（1）数据筛选:将数据清单中不满足条件的记录暂时隐藏起来,只显示符合条件的记录。

（2）自动筛选一般用于简单的条件筛选,可对单个或多个字段设置筛选,其中多字段的筛选表示"逻辑与"的关系,即筛选出的数据需同时满足各个条件。

（3）再选出"高等数学"大于 90 分的学生。单击"高等数学"右边的按钮,然后单击下拉列表中的"数字筛选",再单击"大于"命令,在打开的"自定义自动筛选方式"对话框中,将高等数学的筛选条件设置为大于 90,如图 3-49 所示,单击【确定】按钮。

图 3-49 "自定义自动筛选方式"对话框

（4）最后选出"普通物理"前十名的学生。单击"普通物理"右边的按钮,然后单击下拉列表中的"数字筛选",再单击"10 个最大的值"命令,在打开的"自动筛选前 10 个"对话框中,将普通物理的筛选条件设置为"最大 10 项",其中数字 10 是可以调节大小的,如图 3-50 所示,单击【确定】按钮。

图 3-50 "自动筛选前 10 个"对话框

（5）筛选结果如图 3-51 所示。

	A	B	C	D	E	F	G	H	I	J
1	序号	学号	姓名	性别	籍贯	高等数学	普通物理	外语	计算机	总成绩
2	01	140301	小萌	男	江苏	98	88	90	88.3	364.3
20	19	140319	云子	女	江苏	99	95	96	82.4	372.4

图 3-51　自动筛选结果显示

4. 高级筛选

> **说明**
>
> 高级筛选能同时实现多字段之间的"逻辑或"和"逻辑与"的关系。
>
> （1）使用高级筛选需先建立条件区域，条件区域由多行多列组成，其中第一行为条件中涉及到的各字段名（如"外语"），其余各行数据均为设置的条件（如>85）。
>
> （2）条件区域中的行与行之间表示"逻辑或"关系，即筛选出的数据只需要满足其中一个条件即可；列和列之间表示"逻辑与"关系，即筛选出的数据需要同时满足该行的所有条件。

操作步骤：

（1）要选出总成绩大于 340 分或高等数学、普通物理和外语均大于 85 分的学生，先选中工作表"筛选表"，在单元格区域 L1:O3 上建立条件区域，如图 3-52 所示。

（2）单击"筛选表"数据清单中的任意一个单元格，再单击"数据"选项卡→"排序和筛选"选项组→【高级】工具按钮。

（3）在打开的"高级筛选"对话框中，通过"折叠"按钮分别设置好列表区域"$A$1:$J$21"和条件区域"$L$1:$O$3"，如图 3-53 所示，单击【确定】按钮。

	L	M	N	O
1	高等数学	普通物理	外语	总成绩
2				>340
3	>85	>85	>85	

图 3-52　设置的条件区域

图 3-53　"高级筛选"对话框

（4）筛选结果如图 3-54 所示。

	A	B	C	D	E	F	G	H	I	J
1	序号	学号	姓名	性别	籍贯	高等数学	普通物理	外语	计算机	总成绩
2	01	140301	小萌	男	江苏	98	88	90	88.3	364.3
3	02	140302	麦兜	女	上海	66	89	97	96.3	348.3
5	04	140304	雨桐	男	四川	79.5	88.5	90.5	83.3	341.8
7	06	140314	大白	男	四川	90	87	86	87.7	350.7
8	07	140307	瑞子	男	安徽	94.5	76.5	88.5	90.8	350.3
12	11	140311	紫薇	女	安徽	96	88	99	97.7	380.7
14	13	140313	小舒	男	江苏	89	91	90	88.7	358.7
15	14	140314	范范	男	北京	85	85	78		343
16	15	140315	航宝	男	上海	93	92	79	85.1	349.1
17	16	140316	恩和	女	江苏	91	78	84	89	342
19	18	140318	竹心	上海		78	93	93	78.6	342.6
20	19	140319	云子	女	江苏	99	95	96	82.4	372.4
21	20	140320	一休	男	上海	100	99	92	93.4	384.4

图 3-54　高级筛选结果显示

5. 分类汇总

> **说明**
>
> 分类汇总是将同类数据汇总在一起,对这些同类数据进行求和、求平均值、计数、求最大值、求最小值等运算。
>
> (1) 分类汇总前首先要对数据清单按汇总的字段进行排序。
>
> (2) 分类汇总时窗口左边会出现分级显示区,默认情况下,数据分3级显示,单击【1】按钮,只显示列表中的列标题和总计结果;单击【2】按钮,显示各个分类汇总结果和总计结果;单击【3】按钮显示所有的详细数据。

操作步骤:

(1) 需要统计各省份科目的平均分,第一步需要对省份排序,即按学生的籍贯排序。单击"汇总表"数据清单中的任意一个单元格,再单击"数据"选项卡→"排序和筛选"选项组→【排序】工具按钮,将"籍贯"按升序排列,具体方法可参阅前面的排序操作。

(2) 单击"汇总表"数据清单中的任意一个单元格,再单击"数据"选项卡→"分级显示"选项组→【分类汇总】工具按钮。

(3) 在打开的"分类汇总"对话框中,如图3-55所示,将"分类字段"设置为"籍贯",汇总方式设置为"平均值",选定汇总项为"高等数学""外语""计算机"和"总成绩",单击【确定】按钮。

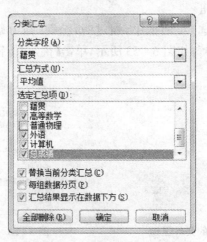

图 3-55 "分类汇总"对话框

(4) 分类汇总的结果如图3-56所示。

	A	B	C	D	E	F	G	H	I	J
1	序号	学号	姓名	性别	籍贯	高等数学	普通物理	外语	计算机	总成绩
2	05	140305	开心	女	安徽	69.5	76.5	98	82.9	326.9
3	07	140307	瑞子	男	安徽	94.5	76.5	88.5	90.8	350.3
4	10	140310	秀贤	男	安徽	59.5	80.5	70.5	74.7	285.2
5	11	140311	紫薇	女	安徽	96	88	99	97.7	380.7
6					**安徽 平均值**	79.875		89	86.525	335.775
7	03	140303	豆豆	女	北京	56.5	73	81	78	288.5
8	08	140308	西西	女	北京	96	76	81	86.3	339.3
9	12	140312	非儿	女	北京	78	96	89	58.2	321.2
10	14	140314	范范	男	北京	85	95	85	78	343
11					**北京 平均值**	78.875		84	75.125	323
12	01	140301	小萌	男	江苏	98	88	90	88.3	364.3
13	13	140313	小舒	男	江苏	89	91	90	88.7	358.7
14	16	140316	恩和	女	江苏	91	78	84	89	342
15	19	140319	云子	女	江苏	99	95	96	82.4	372.4
16					**江苏 平均值**	94.25		90	87.1	359.35
17	02	140302	麦兜	女	上海	66	89	97	96.3	348.3
18	15	140315	航宝	男	上海	93	92	79	85.1	349.1
19	18	140318	竹心	女	上海	78	93	93	78.6	342.6
20	20	140320	一休	男	上海	100	99	92	93.4	384.4
21					**上海 平均值**	84.25		90.25	88.35	356.1
22	04	140304	雨桐	男	四川	79.5	88.5	90.5	83.3	341.8
23	06	140314	大白	男	四川	90	87	86	87.7	350.7
24	09	140309	安迪	女	四川	98	87	81.5	65.6	332.1
25	17	140317	媛媛	女	四川	93	82	77	77.4	329.4
26					**四川 平均值**	90.125		83.75	78.5	338.5
27					**总计平均值**	85.475		87.4	83.12	342.545

图 3－56　“分类汇总”结果显示

（5）单击窗口左侧的分级显示区的数字按钮【1】,【2】,【3】,可以分别显示各级汇总项,如图 3－57 所示,显示的是单击【2】按钮后按照籍贯分类的各门功课的平均成绩。

	A	B	C	D	E	F	G	H	I	J
1	序号	学号	姓名	性别	籍贯	高等数学	普通物理	外语	计算机	总成绩
6					**安徽 平均值**	79.875		89	86.525	335.78
11					**北京 平均值**	78.875		84	75.125	323
16					**江苏 平均值**	94.25		90	87.1	359.35
21					**上海 平均值**	84.25		90.3	88.35	356.1
26					**四川 平均值**	90.125		83.8	78.5	338.5
27					**总计平均值**	85.475		87.4	83.12	342.55

图 3－57　“分类汇总”分级显示

注意

如果只想删除分类汇总所生成的汇总数据,恢复原始数据,可单击“数据”选项卡→“分级”选项组→【分类汇总】工具按钮,在打开的“分类汇总”对话框中选择【全部删除】按钮,则可复原工作表。

6. 创建数据透视表

操作步骤:

（1）选中工作表“原始表”,单击数据清单中的任意一个单元格,再单击“插入”选项卡→“表格”选项组→【数据透视表】工具按钮。

（2）在打开的“创建数据透视表”对话框中,如图 3－58 所示,选择表区域“$A$1:$J$21”,并将“选择数据透视表的位置”设置为“新工作表”,单击【确定】按钮。

（3）在窗口的右侧出现如图 3－59 所示的“数据透视表字段列表”,分别将“性别”“籍贯”“高等数学”“外语”等字段拖至对应的区域,其中,将“性别”字段拖至“报表筛选”区域,“籍贯”字段拖至“行标签”区域,“高等数学”和“外语”拖至“数值”区域。

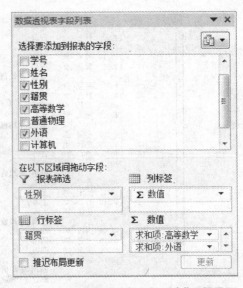

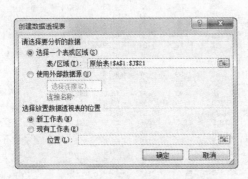

图 3-58 "创建数据透视表"对话

图 3-59 "数据透视表字段列表"设置界面

说明

　　数据透视表是一种动态工作表,可按照定义的格式,对数据清单中的数据重新组织,快速显示统计信息。它为用户提供了一种以不同角度查看原始数据列表的方法。

　　(4) 单击右下角的"∑数值"区域中的"求和项:高等数学"右边的三角箭头,选中"值字段设置(N)"命令,在打开的"值字段设置"对话框中,如图 3-60 所示,将"值汇总方式"的设置为"最大值",单击【确定】按钮。

　　(5) 同样将外语的值汇总方式由"求和"也改为"最大值",数据透视表的效果如图 3-61所示。

　　(6) 将该工作表更名为"透视表"。

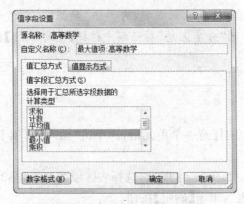

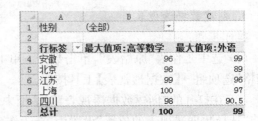

图 3-60 "值字段设置"对话框

图 3-61 "数据透视表"的结果显示

　　(7) 由于数据透视表是可以动态调整的,可以根据自己需要得到不同的透视表。图 3-62中左侧显示的是统计出的各省份中男生高等数学和外语的最高分;图 3-62 中右侧显示的是北京、上海学生的高等数学和外语的平均分。

图 3‑62 "数据透视表"动态调整的结果显示

(8) 将工作簿"数据 2.xlsx"另存为"实验 3_2.xlsx",保存至"实验三"文件夹中。

任务四 图表创建与使用

具体要求如下:

(1) 在工作簿"实验 3_1.xlsx"中,为工作表"计算机成绩"中的总成绩的各分数段的人数统计创建嵌入式柱形图表,图表标题为"第一学期计算机成绩统计图",其中各柱形颜色分别设置为橙、绿、粉、蓝、紫。

(2) 将生成的柱形图调整为二维饼图,并在图中加上各数据所占的百分比。

(3) 为工作簿"实验 3_2.xlsx"中的工作表"汇总表"中各省份学生的高等数学和外语的平均成绩的汇总数据创建独立三维柱形图表。

(4) 在工作表"计算机成绩"中,增加一列"成绩曲线图",为每位学生的平时、期中和期末的成绩变化添加迷你图。

1. 创建图表

> **说明**
>
> (1) 图表是工作表数据的另一种表现方式,其优点是可以让数据更直观,更易于理解。可分为以下 2 种:嵌入图表,图表和数据表放在同一工作表中;独立图表,图表单独放在一个工作表中。
>
> (2) 嵌入图表和独立图表都与建立它们的工作表数据相关联,如果工作表中的数据被更新,两种图表都会随之更新。

操作步骤:

(1) 在工作簿"实验 3_1.xlsx"中,选中工作表"计算机统计结果",将单元格区域 A1:F2 选中,单击"插入"选项卡→"图表"选项组→【柱形图】工具按钮。在如图 3‑63 所示的图表类型中,单击选中"二维柱形图"中的第一种样式即"簇状柱形图"。

(2) 生成的图表如图 3‑64 所示,单击图中的标题"人数",将标题改为"第一学期计算机成绩统计图"。

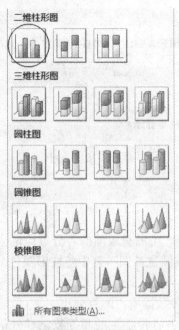

图 3-63　图表类型

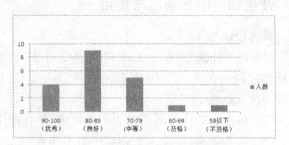

图 3-64　成绩统计柱形图

（3）单击图中的第一个柱形，则五个柱形均被选中，每个柱形周围出现四个圆形控点；再次单击第一个柱形，则只有第一个柱形被选中，双击鼠标，出现如图 3-65 所示的对话框。

（4）在"设置数据系列格式"对话框中，单击"填充"选项卡，选中"纯色填充"，再单击"颜色"右边的"颜料桶"图标，如图 3-65 所示，将颜色设置为"橙色"。

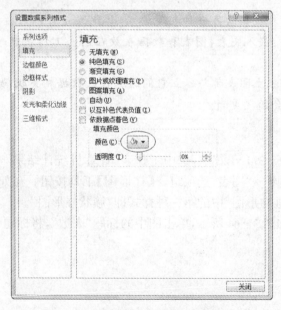

图 3-65　"设置数据系列格式"对话框

（5）采用同样的方法，将第 2、3、4、5 个柱形分别设置为绿色、粉色、蓝色和紫色。同时选中图中的图例，按 Delete 键进行删除，图表效果如图 3−66 所示。

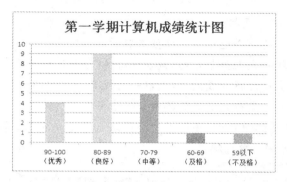

图 3−66　成绩统计图柱形图修改效果

（6）右击该图表，在弹出的快捷菜单中执行"更改图表类型"命令，再选择饼图中的"饼图"，即第一种样式二维饼图，单击【确定】按钮。

（7）要让所占的百分比数据也显示在图表上，单击"图表工具设计"选项卡→"图表布局"选项组→【布局6】工具按钮，如图 3−67 所示。

（8）饼图的最终效果如图 3−68 所示。

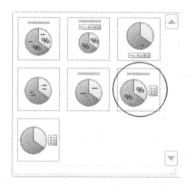

图 3−67　饼图的图表布局类型

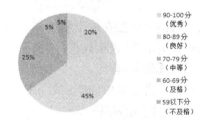

图 3−68　"计算机成绩统计图"饼图效果

（9）按 Ctrl+S 组合键，再次保存文件。

（10）打开工作簿"实验 3_2.xlsx"，在工作表"汇总表"，先选中"籍贯"列的汇总数据，再按住 Ctrl 键，利用鼠标的拖曳依次选中不连续的区域"高等数学"和"外语"这两列汇总数据，如图 3−69 所示。

		A	B	C	D	E	F	G	H	I	J
	1	序号	学号	姓名	性别	籍贯	高等数学	普通物理	外语	计算机	总成绩
+	6					安徽 平均值	79.875		89	86.525	335.775
+	11					北京 平均值	78.875		84	75.125	323
+	16					江苏 平均值	94.25		90	87.1	359.35
+	21					上海 平均值	84.25		90.25	88.35	356.1
+	26					四川 平均值	90.125		83.75	78.5	338.5
-	27					总计平均值	85.475		87.4	83.12	342.545

图 3−69　创建图表所需的汇总数据区域

注意

（1）选取多个连续单元格：

① 用鼠标拖曳可使多个连续单元格被选取。

② 单击要选区域的左上角单元格，按住 Shift 键再用鼠标单击右下角单元格。

③ 单击工作簿窗口的行号或列号，选取一行或某一列中的所有单元格。

④ 单击工作表左上角行列交叉的按钮来选中整个工作表。

（2）选取多个不连续单元格：先选中一个区域或一个单元格，再按住 Ctrl 键不释放，然后选中其他区域或一个单元格。

（11）单击"插入"选项卡→"图表"选项组→【柱形图】工具按钮，再选中"圆柱图"类别的"簇状圆柱图"，图形效果如图 3 - 70 所示。

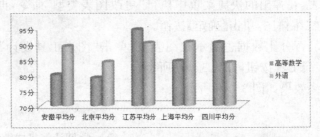

图 3 - 70　各省高等数学和外语的成绩统计三维柱形图

（12）将图表单独存放于新工作表，可采用以下两种方法。

方法 1：单击"图表工具设计"选项卡→"位置"选项组→【移动图表】工具按钮，如图 3 - 71 所示，单击【确定】按钮。

方法 2：右击图表中的空白处，在弹出的快捷菜单中执行"移动图表"命令，如图 3 - 71 所示，单击【确定】按钮，该图表将以名为"Chart1"的新工作表形式存放。

图 3 - 71　"移动图表"对话框

（13）按 Ctrl+S 组合键，再次保存文件。

2. 创建迷你图

说明

迷你图是 Excel 2010 中加入的一种全新的图表制作工具，它以单元格为绘图区域，在一个单元格中创建简单的小型图表，从而非常清晰地发现数据的变化趋势。

操作步骤：

（1）在工作簿"实验 3_1.xlsx"中，选中工作表"计算机成绩"，单击 H3 单元格，单击"插入"选项卡→"迷你图"选项组→【折线图】工具按钮。在打开的"创建迷你图"对话框中，如图 3－72 所示，单击"折叠"按钮，将单元格区域 D3：F3 选中，则该单元格区域地址会自动添加至"数据范围"，再单击"折叠"按钮还原对话框，然后单击【确定】按钮。

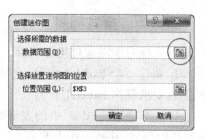

图 3－72 "创建迷你图"对话框

（2）H3 单元格生成的迷你图如图 3－73 所示，可以看到小萌同学成绩的变化曲线。

2	序号	学号	姓名	平时成绩	期中成绩	期末成绩	总成绩	成绩曲线图
3	01	140301	小萌	85	90	88	88.3	
4	02	140302	麦兜	96	95	97	96.3	
5	03	140303	豆豆	90	80	75	78.0	
6	04	140304	雨桐	80	75	88	83.3	

图 3－73 单个迷你图的生成效果

（3）选中 H3 单元格，单击"迷你图工具设计"选项卡→"显示"选项组，如图 3－74 所示，将"标记"选中，这样就可以为折线中的所有数值添加数据标记点。

图 3－74 迷你图工具的显示设置

（4）选中 H3 单元格，利用填充柄，生成其余学生的成绩曲线图，效果图如图 3－75 所示。

2	序号	学号	姓名	平时成绩	期中成绩	期末成绩	总成绩	成绩曲线图
3	01	140301	小萌	85	90	88	88.3	
4	02	140302	麦兜	96	95	97	96.3	
5	03	140303	豆豆	90	80	75	78.0	
6	04	140304	雨桐	80	75	88	83.3	
7	05	140305	开心	70	81	86	82.9	
8	06	140314	大白	85	84	90	87.7	
9	07	140307	瑞子	86	90	92	90.8	
10	08	140308	西西	80	85	88	86.3	
11	09	140309	安迪	50	62	70	65.6	
12	10	140310	秀贤	75	72	76	74.7	
13	11	140311	紫薇	95	98	98	97.7	
14	12	140312	非儿	60	48	63	58.2	
15	13	140313	小舒	89	90	88	88.7	
16	14	140314	范范	87	81	75	78.0	
17	15	140315	航宝	68	89	86	85.1	
18	16	140316	恩和	80	90	90	89.0	
19	17	140317	缓缓	69	85	75	77.4	
20	18	140318	竹心	90	86	73	78.6	
21	19	140319	云子	92	84	80	82.4	
22	20	140320	一休	88	90	96	93.4	

图 3－75 迷你图的最终效果

（5）按下 Ctrl+S 组合键，再次保存文件。

任务五　综合练习

以下练习所需素材均在实验三素材文件夹中。

1. 新建一个 Excel 工作簿，文件名为"综合 3_1.xlsx"，文件保存至"实验三"文件夹。按照下列要求制作 Excel 工作簿：

（1）将"附录一.doc"中的表格数据复制到所建工作簿的工作表"Sheet1"中，从第 1 行第 1 列开始存放，并将工作表改名为"测验成绩表"。

（2）将"附录二.txt"中的数据导入到工作簿"综合 3_1.xlsx"的工作表"Sheet2"中，从第 1 行第 1 列开始存放，并将工作表改名为"文字输入统计"。

（3）在工作表"测验成绩表"中的"姓名"之前插入一新列，输入列标题"考生编号"，并为所有学生添加考号（提示：第一个学生输入 08001，后面用填充柄自动填充剩余学生的编号。

（4）在工作表"测验成绩表"的表格上方插入一新行，并将单元格 A1：F1 作合并单元格处理，在该行输入标题"单科成绩表"并使其居中，字体格式设置为仿宋，24 号，蓝色，加粗，表格中的其他文字格式设置为微软雅黑，11 号，黑色。

（5）在工作表"测验成绩表"中设置表格区域内外边框线为最细单线，所有单元格数据均水平居中且垂直居中。

（6）在工作表"文字输入统计"中，利用公式求出错字符数（出错字符数＝输入字符数×出错率）。

2. 新建一个 Excel 工作簿，文件名为"综合 3_2.xlsx"，文件保存至"实验三"文件夹。按照下列要求制作 Excel 工作簿：

（1）将"附录三.rtf"文件中的表格及标题复制到工作表"Sheet1"中，要求标题居中显示。

（2）在工作表"Sheet1"中用公式计算下列数据。

① 在"总计"所在行中计算出"销售额"这列数据的全年销售额总和。

② 在"占全年销售额比例"列的所有单元格中计算每项销售额占全年销售额的百分比值（要求：全年销售额必须通过单元格引用方式获取，占全年销售额比例数据格式为：百分比、2 位小数位数）。

③ 在"提成"列的所有单元格中按下列要求计算每项的提成：销售额小于 4 000 时用销售额的 10％作为提成，销售额大于等于 4 000 时用销售额的 15％作为提成。（提示：使用 IF 函数）

（3）将工作表"Sheet1"改名为"统计"。

3. 把"附录四.xlsx"复制到"实验三"文件夹中并改名为"综合 3_3.xlsx"。按照下列要求制作 Excel 工作簿：

（1）在工作表"数据源"的 A3：A52 单元格中，分别填入各学生的学号：0940101，0940102，…，0940150。

（2）计算工作表"成绩表"中的每位同学的总分及平均分（要求：使用函数公式计算，平均分保留一位小数）。

（3）在工作表"统计表"中，根据工作表"成绩表"的数据计算出每门课程 90 分以上（含 90 分）的人数、小于 60 分的人数及平均分（要求：均使用函数公式计算，其中平均分保留一位小数）。

（4）在工作表"基本情况"中，设置所有的"安徽"单元格的格式为浅红色填充（提示：使用"条件格式"）。

4. 把"附录四.xlsx"复制到"实验三"文件夹下，并改名为"综合 3_4.xlsx"。按照下列要求制作 Excel 工作簿：

（1）将工作表"成绩表"复制三次，并将新生成的工作表分别更名为"汇总表"和"备份表"和"筛选表"。

（2）列出工作表"成绩表"中，语文成绩＞90 分且数学成绩＞90 分且英语成绩＞90 分的所有学生的名单。（提示：使用"自动筛选"）

（3）列出工作表"备份表"中的语文成绩＞90 分且数学成绩＞90 分或者英语成绩＞90 分的所有学生的名单。（提示：使用"高级筛选"）

（4）列出工作表"筛选表"中所有不及格（即成绩＜60 分）的学生名单。（提示：使用"高级筛选"）

（5）将工作表"数据源"的 D2：D52 区域内容复制到工作表"汇总表"的 A2：A52 区域中。

（6）在工作表"数据源"的 A3：A52 单元格中，分别填入各学生的序号 1，2，…，50，并按出生日期先后排序。

（7）在"汇总表"中按籍贯进行分类汇总（要求籍贯按升序排列，汇总结果显示在数据下方），求各地区语文、数学和英语成绩平均分。

（8）在"汇总表"中根据各地区语文、数学成绩平均分在当前工作表中生成三维簇状柱形图表，为该图表添加标题"各地成绩统计分析图"，图例位置放在底部。

实验四　PowerPoint 2010 演示文稿

一、实验目的

1. 掌握演示文稿的创建及幻灯片的基本编辑操作。
2. 掌握幻灯片总体设计(幻灯片版式、背景、母版和模板)的方法。
3. 掌握设置幻灯片动画效果的方法。
4. 掌握在演示文稿中插入声音、图像、视频等多媒体信息。
5. 掌握超级链接和动作按钮的使用方法。
6. 掌握幻灯片切换及自定义放映的使用方法。

二、实验内容与步骤

说明

　　PowerPoint 是制作和演示幻灯片的软件,能够制作出集文字、图形、图像、声音以及视频剪辑等多媒体元素于一体的演示文稿,一般用于辅助教学、报告、演讲和产品演示等。

　　演示文稿,即 PowerPoint 文件,默认扩展名为.pptx,是由一定数量的幻灯片组合而成,每张幻灯片可由多种对象,如文本、表格、图片、声音、视频等多媒体对象组成。为了便于演示文稿的编排,PowerPoint 2010 提供了 4 种不同的视图模式。

　　(1) 普通视图。默认的视图模式,用于撰写和设计演示文稿,在该视图中可以调整总体结构和编辑每张幻灯片内容。

　　(2) 幻灯片浏览视图。以最小化的形式按幻灯片序号顺序显示演示文稿中的所有幻灯片,在此视图下,可以复制、删除幻灯片,调整幻灯片的顺序,但不能对幻灯片内容进行编辑和修改。

　　(3) 备注页视图。用于显示和编排备注页内容。

　　(4) 阅读视图。用于查看设计好的演示文稿的放映效果及放映演示文稿。

注意

　　PPT 美化大师是 PPT 幻灯片的美化插件,可以为用户提供丰富的模板,操作简便,具有一键美化的特点。如果读者目前使用的 PowerPoint 没有安装美化大师,可在网络搜索引擎中搜索关键字"PPT 美化大师",从搜索结果中找到相应的官方版进行下载。安装时先关闭 PowerPoint,然后双击美化大师安装程序,即可自动完成插件的导入操作。

任务一　演示文稿基本操作

具体要求如下：

（1）新建一个演示文稿，介绍南京的特色美食，文件命名为"实验 4_1.pptx"，保存至"实验四"文件夹。

（2）根据要求依次为新建的每张幻灯片选择不同的版式（标题幻灯片、标题和内容、两栏内容和空白幻灯片）。

（3）分别为第 3 至 8 张幻灯片插入来自素材文件夹中介绍美食的文字和相应图片。

（4）利用 SmartArt 图形编辑对演示文稿中的第 2 张幻灯片进行修饰。

（5）为第 2 张幻灯片中的各美食小吃设置超级链接，链接到各对应的幻灯片，同时为第 3、4、5、6、7、8 张幻灯片设置返回链接，均返回至第 2 张幻灯片。

（6）该演示文稿设置为应用设计模板，样张如图 4-1 所示。

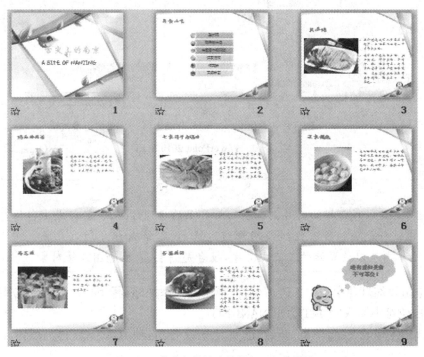

图 4-1　"舌尖上的南京"演示文稿样张

1. 新建演示文稿

操作步骤：

（1）启动 PowerPoint 之后，系统自动创建了一个默认名为"演示文稿 1"的空白演示文稿，其中含有一张空白标题幻灯片，如图 4-2 所示。

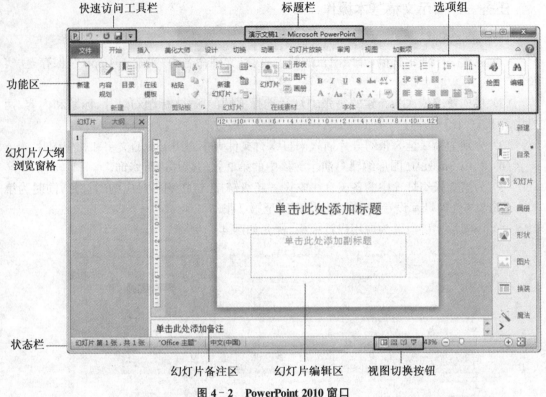

图 4－2　PowerPoint 2010 窗口

> **说明**
>
> （1）幻灯片版式是指幻灯片内容在幻灯片上的排列方式，一般版式由占位符组成。
>
> （2）占位符是一种带有虚线或阴影线边缘的框，绝大部分幻灯片版式中都有这种框，在这些框内可以放置标题及正文文字，或者是图表、表格和图片等对象。

（2）单击该幻灯片中的主标题占位符"单击此处添加标题"，输入"舌尖上的南京"，同样在副标题占位符中输入"A BITE OF NANJING"。

（3）选中主标题文字，单击"开始"选项卡→"字体"选项组，设置字体为黑体，60 号字，同样选中副标题文字，设置字体为 Arial，36 号字，深红色。

（4）单击"文件"选项卡→【保存】按钮，将该文件命名为"实验 4_1.pptx"，如图 4－3 所示，最后单击【保存】按钮。

图 4-3 演示文稿保存窗口

2. 创建不同版式的幻灯片

操作步骤：

（1）新建第 2 张幻灯片可以用以下方法。

方法 1：使用 Ctrl+M 组合键新建幻灯片。

方法 2：单击"开始"选项卡→"幻灯片"选项组→【新建幻灯片】按钮，新建第 2 张幻灯片，默认的版式是"标题和内容"，如图 4-4 所示。

（2）分别在标题占位符和文本占位符中输入如图 4-5 所示的内容。

图 4-4 "标题和内容"版式   图 4-5 第 2 张幻灯片中待输入的文字

（3）使用 Ctrl+M 组合键新建第 3 张幻灯片，再单击"开始"选项卡→"幻灯片"选项组→【版式】按钮，如图 4-6 所示，为第 3 张幻灯片选择"两栏内容"的版式。

（4）打开素材文件夹中的 Word 文件"美食小吃.doc"，将文件中的关于盐水鸭的文字复制到幻灯片中右边的文本占位符，同时将标题内容设置为"盐水鸭"。

（5）插入来自文件中的美食图片，可以采用以下两种方法。

方法 1：单击"插入"选项卡→"图像"选项组→【图片】按钮。

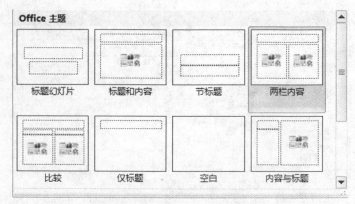

图4-6　幻灯片版式界面

方法2：在幻灯片中的文本占位符中，如图4-7所示，单击【插入来自文件的图片】按钮。

在打开的"插入图片"对话框中，找到实验四素材文件夹，并选中图片"1 盐水鸭.jpg"，单击【插入】按钮。

（6）将幻灯片中的图片和文字的大小和位置进行适当的调整。

（7）同样的方法，参照样张，按照各美食小吃的先后顺序，给第4到第8张幻灯片依次先新建幻灯片，再选择版式"两栏内容"，然后插入文字和图片，最后注意适当调整幻灯片中的图片尺寸。

3. 插入剪贴画和形状

操作步骤：

（1）选中第8张幻灯片，单击"开始"选项卡→"幻灯片"选项组→【新建幻灯片】工具按钮，新建第9张幻灯片，版式选中"空白"。

（2）单击"插入"选项卡→"图像"选项组→【剪贴画】工具按钮，在打开的"剪贴画"对话框中，输入搜索文字"吃"，单击如图4-8所示的卡通人物，即可插入。（注：如果没有搜索到相关的图片，可从实验教材提供的素材文件夹中插入该图片，文件名为"卡通.gif"）

图4-7　"插入来自文件的图片"按钮

图4-8　"剪贴画"对话框

（3）单击"插入"选项卡→"插图"选项组→【形状】工具按钮，如图 4-9 所示，选中"标注"中的"云形标注"。当鼠标在幻灯片上变成十字形时即可绘制，按住鼠标左键沿对角线方向画出标注。右击该标注，执行快捷菜单中的"编辑文字"命令，在云形标注中输入"唯有爱和美食不可辜负！"

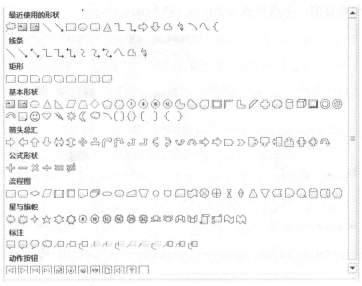

图 4-9　"形状"界面

（4）选中该标注，单击"绘图工具格式"选项卡→"形状样式"选项组→【形状填充】工具按钮右边的三角箭头，在如图 4-10 所示的"标准色"中选中"橙色"。

（5）单击"绘图工具格式"选项卡→"艺术字样式"选项组→【文本填充】工具按钮右边的三角箭头，在主题颜色中选中红色。另外将文字设置为黑体，28 号字，最终效果如图 4-11 所示。

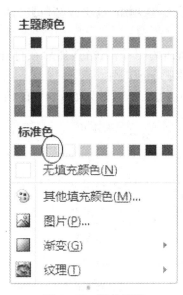

图 4-10　颜色设置

图 4-11　第 9 张幻灯片的最终效果

4. 编辑 SmartArt 图形

操作步骤：

（1）选中第 2 张幻灯片，将六种小吃名称全部选中，单击"开始"选项卡→"段落"选项组→【转换为 SmartArt 图形】工具按钮右侧的三角形箭头，如图 4－12 所示。

（2）再选择"垂直图片重点列表"，如图 4－13 所示。

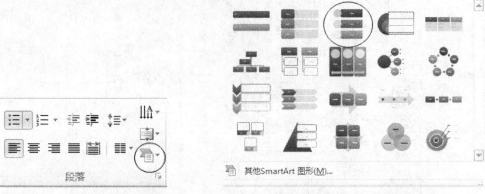

图 4－12　SmartArt 转换按钮　　　　　图 4－13　SmartArt 布局

（3）单击"SmartArt 工具设计"选项卡→"SmartArt 样式"选项组→【细微效果】工具按钮，如图 4－14 所示。

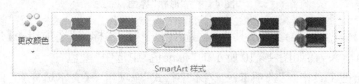

图 4－14　SmartArt 样式

（4）单击"SmartArt 工具设计"选项卡→"SmartArt 样式"选项组→【更改颜色】工具按钮，选择"彩色"系列中的"彩色范围-强调文字颜色 5 至 6"。

（5）如图 4－15 所示，在幻灯片中，单击"盐水鸭"前面的图片占位符，然后在打开出的"插入图片"对话框中插入实验四素材文件夹中的"1 盐水鸭.jpg"图片。

（6）采用同样的方法，依次为其他五个小吃选择相应的图片，其效果如图 4－16 所示。

美食小吃

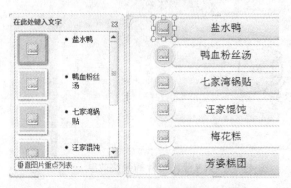

图 4－15　插入图片　　　　　　　　图 4－16　SmartArt 图形最终效果

说明

  SmartArt 图形是一种文字图形化的表现方式,它可以帮助用户制作层次分明,结构清晰,外观美观的专业设计师水平的文档插图。创建 SmartArt 图形时,系统会提供一些 SmartArt 图形类型,如"流程""层次结构""循环"或"关系",每种类型包含几个不同的布局。

5. 超链接

操作步骤:

  (1) 选中第 2 张幻灯片,右击文字"盐水鸭"所在的文本框,在弹出的快捷菜单中执行"超链接"命令,或单击"插入"选项卡→"链接"选项组→【超链接】工具按钮。

  (2) 在打开的"编辑超链接"对话框中,将"链接到"设置为"本文档中的位置",如图 4-17 所示,然后选中幻灯片标题中"2 美食小吃",单击【确定】按钮。这样放映时,单击第 2 张幻灯片中的文字"盐水鸭"就可以链接到主题为"盐水鸭"的第 3 张幻灯片。

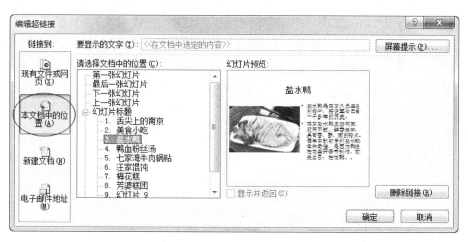

图 4-17 "编辑超链接"对话框

  (3) 采用同样的方法,将第 2 张幻灯片中的"鸭血粉丝汤"等其他五个美食小吃逐一设置超链接,分别链接到对应的第 4、5、6、7、8 幻灯片。

  (4) 为第 3 至 8 张幻灯片设置返回图标。先选中第 3 张幻灯片,单击"插入"选项卡→

说明

  超链接。幻灯片默认放映顺序是按先后顺序,超链接可以实现幻灯片内容的跳转,它以文本或图形的形式来实现链接,单击该链接,相当于指定到同一幻灯片内的某个位置,或打开一个新的文件或网页。

  超链接的分类:

  (1) 内部链接,目标是演示文稿内部的任意一张幻灯片。

  (2) 外部链接,目标是演示文稿之外的各类文档、文件、图片、网页和电子邮件等。

  添加超链接。在幻灯片中有 2 种添加方式:设置动作按钮和通过将某个对象作为超链接节点建立超链接。

"图像"选项组→【图片】工具按钮,选中实验四素材文件夹中提供的图片"企鹅.png"进行插入,将该图片移至该幻灯片的右下角,如图4-18所示。

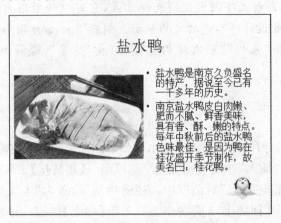

图4-18　返回图标的位置设置

（5）选中企鹅图片,单击"插入"选项卡→"链接"选项组→【动作】工具按钮,如图4-19所示,在打开的"动作设置"对话框中,将单击鼠标时的动作设置为"超链接到",并在对应的下拉列表中选中"幻灯片…"。

图4-19　"动作设置"对话框

（6）在打开的"超链接到幻灯片"对话框中,如图4-20所示,选中幻灯片标题为"2.美食小吃",单击【确定】按钮,返回到"动作设置"对话框,再单击【确定】按钮。如此设置可以实现放映时单击该企鹅图标即可返回第2张幻灯片。

（7）为其他幻灯片设置返回超链接,可以通过以下两种方法。

方法1:采用上述相同的做法,为第4、5、6、7、8张幻灯片逐一添加企鹅图片并设置超链接,将超链接到的幻灯片标题均设置为"2.美食小吃",这样放映时播放到各主题幻灯片时,就可以通过单击企鹅图标返回至第2张幻灯片。

图 4-20 "超链接到幻灯片"对话框

方法 2:选中第 3 张幻灯片中的企鹅图片,按下 Ctrl+C 组合键进行复制,再分别按下 Ctrl+V 组合键粘贴到第 4、5、6、7、8 张幻灯片中,这样不仅图片本身连内含的超级链接功能也一并粘贴过去。

(8) 按下 Ctrl+S 组合键,再次保存文件。

6. 更换模板

> **说明**
>
> 模板。演示文稿中的特殊一类文件,扩展名为.potx,用于提供样式文稿的格式、配色方案、母版样式及产生特效的字体样式等。应用设计模板可快速生成风格统一的演示文稿。

操作步骤:

(1) 单击"美化大师"选项卡→"模板"选项组→【更换模板】(或【更换背景】)工具按钮。

(2) 在打开的"PPT 模板"对话框中,选中右边的"清新田园"风格中的"绿色"系列,在提供的模板中,单击选中如图 4-21 所示的绿叶瓢虫模板。

图 4-21 PPT 模板界面

（3）进入该模板的设置界面，单击右下方的"毛笔"图标，如图4-22所示，将该模板套用至当前演示文稿。

（4）按下 Ctrl+S 组合键，再次保存文件。

图4-22　套用"小瓢虫"模板

（5）另外可以尝试通过"魔法换装"来更换模板，单击"美化大师"选项卡→"模板"选项组→【魔法换装】工具按钮，等待片刻，如图4-23所示，也许你会获得一份惊喜的换装，但如果不满意换装，可重新单击该按钮再来一次。（注：该操作步骤不需要单独保存，主要让大家体验一下魔法换装功能）

（6）PPT 也可制作微博和QQ空间中常见的长图，单击"美化大师"选项卡→"工具"选项组→【导出】工具按钮，再单击"美化大师"选项卡→"导出"选项组→【多页拼图】工具按钮，在下拉列表中选择"竖排一列"中的"全部幻灯片"，如图4-24所示，将该文档中的所有幻灯片竖排成一列，拼成一幅图。

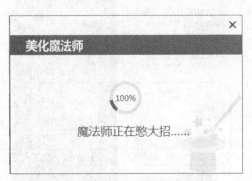

图4-23　对演示文稿进行魔法换装　　　　　　　图4-24　制作长图

（7）执行"文件"选项卡→"另存为"命令，将生成的图片文件保存到"实验四"文件夹中，取名为"美食.jpg"。

（8）打开"实验四"文件夹，找到图片"美食.jpg"，双击打开，最终效果如图 4 - 25 所示。

图 4 - 25　长图效果

注意

　　学习 PowerPoint 首先要掌握总体设计和幻灯片设计两个设计层次。

　　（1）总体设计。适用于整套幻灯片或其中部分幻灯片的，包括模板、母版、页眉页脚、背景、放映方式、幻灯片切换等；

　　（2）幻灯片设计。适用于单张幻灯片，包括幻灯片版式、文字、图片、动画效果等。具体设计时往往采用从整体到局部的设计，再从局部到总体的调整方法。

　　幻灯片演示文稿对文字的要求是：提纲挈领，简单扼要，说明透彻；对图形的要求是：形象生动，色彩鲜明。

任务二　演示文稿母版设计

具体要求如下：

（1）打开实验四素材文件夹中的演示文稿"地铁志愿者工作须知.pptx"，将第 2 张幻灯片的目录设置为样张中的样式，目录的配色方案保留原始格式，删除原有标题为"主要内容"的幻灯片。

（2）将演示文稿的主题设置为名为"角度"的主题，并将主题颜色修改为"气流"色系。

（3）设置幻灯片母版，将普通文本母版中的标题字体改为幼圆，24 号字；标题母版中的标题字体为 40 号字，副标题为 18 号字，橙色；在普通文本母版的右上角中加入素材提供的图片"志愿者.png"，设置为高度 4 厘米，宽度 4.55 厘米，亮度为 70％；同时为幻灯片插入时间、幻灯片编号和页脚，将页脚设置为"地铁志愿者服务中心制作"，除了标题幻灯片应用于其他所有幻灯片。

（4）为最后一张幻灯片插入艺术字"谢谢各位"，并将素材提供的图片"水滴.jpg"设置为该幻灯片的背景；将第 2 张和最后一张幻灯片的背景均设置为"隐藏背景图形"。

（5）为第 5 张幻灯片的内容设置项目符号，项目符号为 artsy、绿色、15×15 像素，大小为 80% 的字高，其余第 3、4、11、12、13 张幻灯片设置带填充效果的圆形项目符号。

（6）为第 1 张幻灯片插入图片"地铁.png"，如图 4-26 样张所示。

（7）将文件另存为"实验 4_2.pptx"，保存至"实验四"文件夹中。

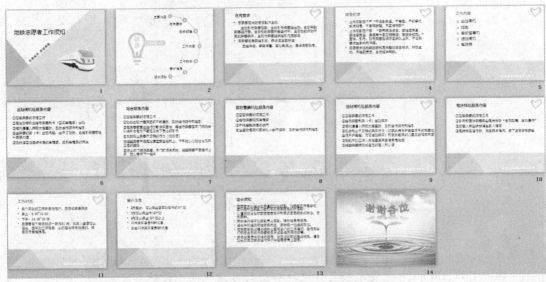

图 4-26 "地铁志愿者工作须知"演示文稿样张

1. 创建目录

操作步骤：

（1）打开实验四素材文件夹中的演示文稿"地铁志愿者工作须知.pptx"。

（2）在普通视图中，如图 4-27 所示，单击选中左窗格中的编号为"2"的第 2 张幻灯片。

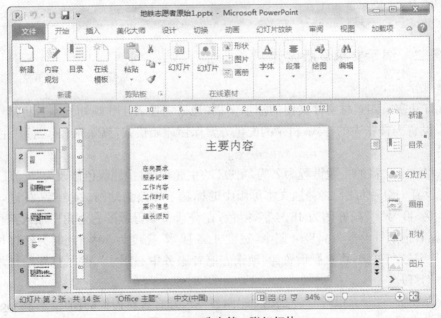

图 4-27 选中第 2 张幻灯片

（3）单击"美化大师"选项卡→"模板"选项组→【目录】工具按钮，在打开的"目录"对话框中，如图 4-28 所示，选中样张中指定的目录样式。

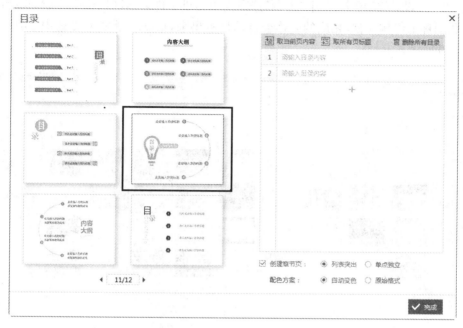

图 4-28　目录设置

（4）在"目录"对话框中，单击右上方的"取当前页内容"按钮，将当前幻灯片中的文字内容全部添加为目录，如图 4-29 所示，其中第一项"主要内容"需要删除，将鼠标移至"主要内容"这一项时，左边会出现"垃圾桶"图标，单击该图标即可删除相应目录。

图 4-29　目录调整

（5）将"目录"对话框的右下方原默认选中的"创建章节页"复选框取消选中，并将配色方案的"自动变色"更改为"原始格式"，单击【完成】按钮，则新生成一张目录幻灯片。

（6）将原有标题为"主要内容"的幻灯片进行删除，在普通视图中，如图 4-27 所示，单击选中左窗格中的编号为"3"的第 3 张幻灯片，按 Delete 键删除该幻灯片。

2. 应用主题

操作步骤：

（1）单击"设计"选项卡，其中"主题"选项组中提供了许多不同风格的主题，选择时将鼠标在主题图标上停顿几秒，相应的名称会自动显示出来，根据本题的需要选中"角度"主题，如图4-30所示。

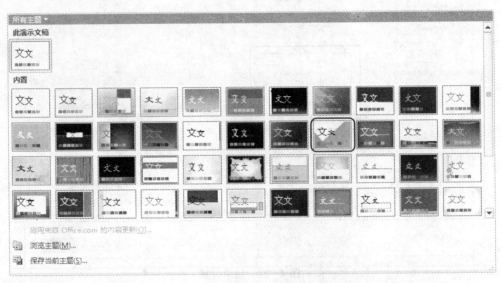

图4-30　主题设置

（2）单击"设计"选项卡→"主题"选项组→【颜色】工具按钮，选中名为"气流"的主题颜色。

说明

主题。一组格式选项，包括主题颜色、主题字体和主题效果。

（1）主题颜色。文件中使用的颜色的集合。

（2）主题字体。应用于文件中的主要字体和次要字体的集合。

（3）主题效果。应用于文件中元素的视觉属性的集合，包括线条和填充效果。

---

3. 设置背景样式

操作步骤：

（1）单击"设计"选项卡→"背景"选项组→【背景样式】工具按钮，选中"样式5"应用所有幻灯片。

（2）选中第2张幻灯片，单击"设计"选项卡→"背景"选项组，勾选"隐藏背景图片"复选框。

（3）选中第14张幻灯片，在幻灯片上右击鼠标，在快捷菜单中执行"设置背景格式"命令，在打开的"设置背景格式"对话框中，勾选"隐藏背景图片"复选框。如图4-31所示，单击"文件…"按钮，找到实验四素材文件夹中的图片"水滴.jpg"，选中该文件，单击【插入】按钮，返回"设置背景格式"对话框，单击【关闭】按钮，则该图片被设置为这张幻灯片的背景。

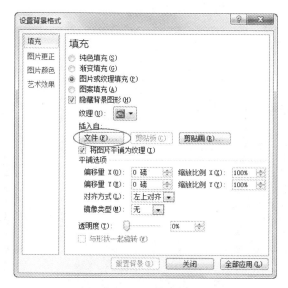

图 4-31　"设置背景格式"对话框

4. 插入艺术字

操作步骤：

（1）选中第 14 张幻灯片中的文字"谢谢各位"，单击"插入"选项卡→"文本"选项组→【艺术字】工具按钮，选中样式"填充青绿，强调文字颜色 2，暖色粗糙棱台"进行应用。

（2）单击"开始"选项卡→"字体"选项组，将"谢谢各位"的字号设置为 80 号。

（3）将艺术字移至图中水滴上方，将幻灯片中多余的文字删除，最后效果如图 4-32 所示。

图 4-32　艺术字效果

5. 母版设计

操作步骤：

（1）单击"视图"选项卡→"母版视图"选项组→【幻灯片母版】工具按钮，切换到"幻灯片母版"视图，如图 4-33 所示。

（2）设置普通正文字体。单击窗口中左窗格中编号为"1"的普通正文页母版（即"角度幻灯片母版"，其中"角度"为该演示文稿的主题），在右窗格中选中幻灯片中除标题外的所有

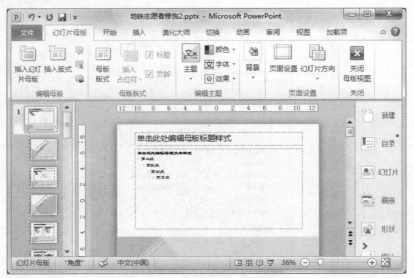

图 4-33　幻灯片母版视图窗口

文字，单击"开始"选项卡→"字体"选项组，设置字体为幼圆、24 号，同时单击"开始"选项卡→"字体"选项组→【B】工具按钮，取消字体原有的加粗设置。这样除了标题幻灯片外，其余幻灯片的普通文本会全部统一设置为上述字体。

（3）设置"标题幻灯片"中的主标题和副标题字体。单击窗口左窗格中的"标题幻灯片"母版（即第 2 张幻灯片母版），在右窗格中选中幻灯片主标题占位符中的所有文字，单击"开始"选项卡→"字体"选项组，设置文字字号为 40，同样将副标题设置为 20 字号，颜色设置为"橙色"。

（4）为普通正文幻灯片插入图片。单击窗口中左窗格中编号为"1"的普通正文页母版，单击"插入"选项卡→"图像"选项组→【图片】工具按钮，从实验四素材文件夹中找到图片"志愿者.png"，单击【插入】按钮。

（5）右击该图片，在弹出的快捷菜单中执行"设置图片格式"命令，在打开的"设置图片格式"对话框中，如图 4-34 所示，选中"大小"选项卡，将高度和宽度分别设置为 4 厘米和 4.55 厘米。

图 4-34　"设置图片格式"对话框之"图片大小"

> **说明**
>
> 　母版可以高效地对演示文稿中所有相同要素的内容进行同时设置,保证文档风格一致。如标题和正文的字体、字号、字形、颜色及出现的位置,页眉、页脚的字体、字号和布局,背景、图案和配色方案等。修改母版就可以统一修改每一张幻灯片。
>
> 　母版共分4种:
>
> 　(1)幻灯片母版用于控制演示文稿除了标题幻灯片(首页)之外其余幻灯片的文字格式和版式,包括背景、图案和配色方案等。
>
> 　(2)标题母版用于控制标题幻灯片(首页)的标题、副标题、页脚的格式。
>
> 　(3)讲义母版。用于控制讲义的页眉和页脚。
>
> 　(4)备注母版。用于控制备注文字的格式和版式。

　(6)如图4-35所示,选中"图片更正"选项卡,将图片亮度设置为70%,单击【关闭】按钮,将该图片移至幻灯片的右上角。

图4-35　"设置图片格式"对话框之"图片更正"

　(7)设置幻灯片编号、页脚和显示日期时间。单击"插入"选项卡→"文本"选项组→【页眉页脚】工具按钮,如图4-36所示,在打开的"页眉和页脚"对话框中,依次勾选"日期和时间""幻灯片编号""页脚"和"标题幻灯片中不显示"这四个复选框,并将页脚设置为"地铁志愿者服务中心制作",单击【全部应用】按钮。

　(8)将该幻灯片母版中的页脚文字全部选中,单击"开始"选项卡→"字体"选项组,将字号调整为18号,母版设置效果如

图4-36　"页眉页脚"对话框

图 4 - 37 所示。

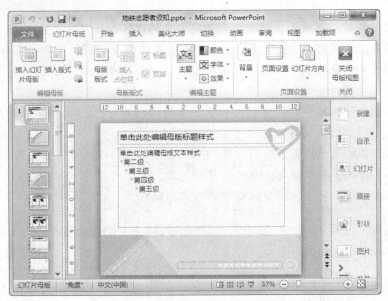

图 4 - 37 母版设置效果

（9）单击"幻灯片母版"选项卡→"关闭"选项组→【关闭母版视图】工具按钮。

（10）将每张幻灯片中的占位符大小及位置进行适当调整，按 Ctrl+S 组合键，保存文件。

6. 项目符号

操作步骤：

（1）选中第 5 张幻灯片，将标题之外的其余文字全部选中，右击鼠标，在快捷菜单中执行"项目符号"→"项目符号和编号(N)…"命令，如图 4 - 38 所示。

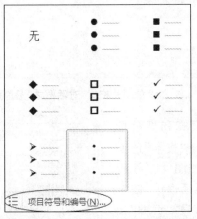

图 4 - 38 "项目符号和编号"设置界面

（2）在打开的"项目符号和编号"对话框中，将项目符号大小设置为 80％字高，如图 4 - 39 所示，单击【图片…】按钮。

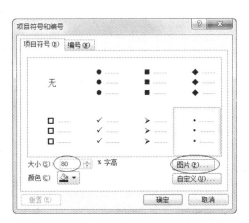

图 4-39　"项目符号和编号"对话框　　　　图 4-40　"图片项目符号"对话框

（3）在打开的"图片项目符号"对话框中，搜索文字"artsy"，单击【搜索】按钮，如图 4-40 所示，选中"绿色、15×15 像素"的项目符号，单击【确定】按钮。

（4）选中第 3 张幻灯片，将标题之外的其余文字全部选中，右击鼠标，在快捷菜单中选择"项目符号"中的"带填充效果的圆形项目符号"图标，如图 4-38 所示。同样对第 4、11、12、13 张幻灯片设置相同的项目符号。

（5）选中第 1 张幻灯片，单击"插入"选项卡→"图像"选项组→【图片】工具按钮，在实验四素材文件中选中图片"地铁.png"，单击【插入】按钮，将图片放置幻灯片的右下方，图片尺寸设置为高度 10 厘米，宽度 11.1 厘米。

（6）将文件另存为"实验 4_2.pptx"，保存至"实验四"文件夹中。

任务三　动画与多媒体设置

具体要求如下：

（1）打开"实验 4_1.pptx"，为第一张幻灯片的文字设置"缩放"动画。

（2）为演示文稿插入音频文件"背景音乐.mp3"，让音乐在整个放映过程中循环播放。

（3）为第五张幻灯片插入视频"锅贴.mp4"。

（4）为每张幻灯片设置不同的幻灯片切换效果。

（5）设置幻灯片放映并进行排练计时。

1. 插入动画

操作步骤：

（1）打开"实验 4_1.pptx"，选中第 1 张幻灯片中的文字"舌尖上的南京"，单击"动画"选项卡→"高级动画"选项组→【添加动画】工具按钮，将进入效果设置为"缩放"，如图 4-41 所示。

图 4 - 41　动画的效果设置

（2）单击"动画"选项卡→"高级动画"选项组→【动画窗格】工具按钮，窗口中会增加右窗格"动画窗格"，单击"标题 1:舌尖上的南京"右边的三角箭头，在下拉列表中单击"效果选项"命令，如图 4 - 42 所示。

（3）在打开的"缩放"对话框中，如图 4 - 43 所示，将"效果"选项卡中的消失点设置在"幻灯片中心"。

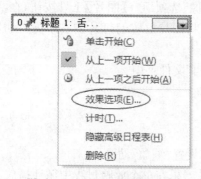

图 4 - 42　动画的"效果选项"

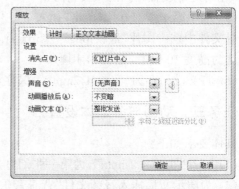

图 4 - 43　设置动画缩放效果

（4）单击"计时"选项卡，如图 4 - 44 所示，将动画开始设置为"与上一动画同时"，延迟 3 秒，期间中速（2 秒），单击【确定】按钮。

（5）选中幻灯片中的文字"A BITE OF NANJING"，采用和上述步骤（2）（3）（4）相同的操作，添加动画，将动画的进入效果设置为"劈裂"，单击右窗格"A BITE OF NANJING"的"效果选项"命令，在打开的"劈裂"对话框中，将"效果"选项卡中的消失点设置在"中央向左右展开"，在"计时"选项卡中，将动画开始设置为"与上一动画同时"，延迟 3 秒，期间中速（2 秒），单击【确定】按钮。

（6）同样为第 2 张幻灯片中的 SmartArt 图形添加动画，将动画的强调效果设置为"跷跷板"，单击右窗格"内容占位符"的"效果选项"命令，在打开的"跷跷板"对话框中，在"计时"选项卡中，设置期间中速（2 秒）。

（7）选中第 9 张幻灯片，为云形标注添加动画，选中"更多进入效果"，将动画的进入效果设置为"华丽型"的"挥鞭式"，如图 4－45 所示。单击右窗格"云形标注"的"效果选项"命令，在"挥鞭式"对话框中，选中"效果"选项卡，将动画文本改为"整批发送"，并在"计时"选项卡，将动画开始设置为"与上一动画同时"，延迟 5 秒，期间快速（1 秒）。

图 4－44　设置动画缩放计时

图 4－45　"添加进入效果"对话框

2. 插入声音

操作步骤：

（1）选中第 1 张幻灯片，单击"插入"选项卡→"媒体"选项组→【音频】工具按钮，在打开的"插入音频"对话框中，选中素材文件夹中的"背景音乐.mp3"，单击【插入】按钮，由于音频文件一般比较大，插入时需要耐心等待一段时间，通常界面上会出现如图 4－46 所示的提示信息。

（2）插入成功后，幻灯片上出现如图 4－47 所示的音频播放的小喇叭图标，其中图标下方的按钮分别是播放、快退、快进和调整音量。

图 4－46　插入音频的等待提示界面

图 4－47　音频插入成功后的显示界面

（3）单击"音频工具播放"选项卡→"音频选项"选项组，如图4-48所示，将"开始："设置为"跨幻灯片播放"，并勾选"循环播放，直到停止""放映时隐藏"和"填充返回开头"三个复选框。这样放映时，背景音乐就会贯穿幻灯片的整个放映过程，并且循环播放。

图4-48 音频工具播放设置

（4）选中幻灯片中的小喇叭图标，单击"动画"选项卡→"高级动画"选项组→【动画窗格】工具按钮，在动画窗格中，如图4-49所示，单击"背景音乐"这一项右边的三角箭头，在下拉列表中单击"效果选项"命令。

（5）在打开的"播放音频"对话框中，单击"效果"选项卡，如图4-50所示，开始播放设置为"从头开始"，停止播放设置为"在9张幻灯片后"。

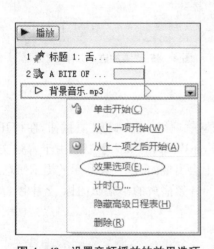

图4-49 设置音频播放的效果选项

图4-50 播放音频的效果设置

（6）单击"计时"选项卡，如图4-51所示，"开始"设置为"与上一动画同时"，单击【确定】按钮。

（7）如果希望幻灯片一开始放映时音乐要随之响起，则需要将背景音乐的动画播放顺序提前到第一位。在动画窗格中，选中"背景音乐.mp3"，单击"重新排序"左边的向上箭头，将背景音乐的顺序调至最前面，如图4-52所示。

图 4－51　播放音频的计时设置

图 4－52　对音乐动画的重新排序

3．插入视频

操作步骤：

（1）选中第 5 张幻灯片，单击"插入"选项卡→"媒体"选项组→【视频】工具按钮，在"插入视频文件"对话框中，选中素材文件夹中的视频文件"锅贴.avi"，单击【插入】按钮。

（2）幻灯片上出现如图 4－53 所示的视频播放对象，其中上方的矩形区域为视频显示区域，下方依次为播放、进度条、后退、前进和音量调节按钮。将鼠标移至视频对象四周的八个白色尺寸控点处，当出现双向箭头时，可以利用鼠标拖曳对视频显示区域的尺寸大小进行适当的缩放。

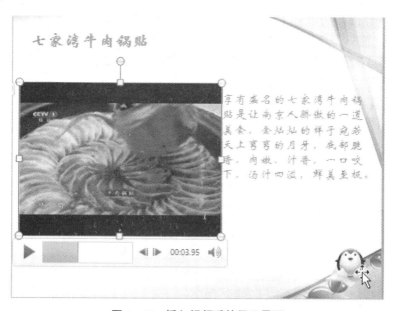

图 4－53　插入视频后的显示界面

（3）选中该视频播放对象，设置其出现的动画效果，执行"动画"选项卡→"动画"选项组→"缩放"效果。

4. 幻灯片切换

操作步骤：

（1）选中第 1 张幻灯片，单击"切换"选项卡→"切换到此幻灯片"选项组→细微型的【形状】工具按钮，如图 4-54 所示。

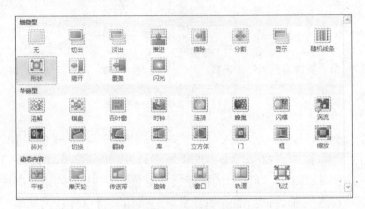

图 4-54　幻灯片切换效果

　　（2）单击"切换"选项卡→"计时"选项组，将"持续时间"设置为 2 秒钟，即"02.00"。

　　（3）使用同样的方法为第 2 张设置"华丽型"的"切换"；为第 3 张设置"华丽型"的"立方体"；为第 4 张设置"动态内容"的"轨道"；为第 5 张设置"动态内容"的"窗口"；为第 6 张设置"华丽型"的"蜂巢"；为第 7 张设置"华丽型"的"库"；为第 8 张设置"华丽型"的"框"；为第 9 张设置"华丽型"的"涟漪"。

5. 幻灯片放映

操作步骤：

（1）从头开始放映幻灯片，可以通过以下 2 种方法。

方法 1：按 F5 功能键从第一张幻灯片开始进行放映。

方法 2：单击"幻灯片放映"选项卡→"开始放映幻灯片"选项组→【从头开始】工具按钮。在幻灯片放映时，可以通过单击鼠标来切换每张幻灯片。

　　（2）从当前幻灯片开始放映，可以通过以下 3 种方法。

方法 1：按 Shift+F5 组合键从当前幻灯片开始进行放映。

方法 2：单击"幻灯片放映"选项卡→"开始放映幻灯片"选项组→【从当前幻灯片开始】工具按钮。

方法 3：在窗口下方的视图切换按钮处，单击"幻灯片放映"按钮。

　　（3）对幻灯片进行排练计时。单击"幻灯片"选项卡→"设置"选项组→【排练计时】工具按钮，进行幻灯片放映并计时，当所有的幻灯片播放完毕，会出现如图 4-55 所示的对话框，显示放映的总时间，单击【是】按钮，在幻灯片浏览视图中会显示每张幻灯片的播放时间。

图 4-55　幻灯片放映的排练计时

注意

　　由于该演示文稿中的第一张幻灯片和最后一张幻灯片的文字和标注的动画已设置了延时,不需单击就可以自动播放,其余内容包括幻灯片切换、超链接和视频播放都需要通过鼠标单击来实现。

　　(4) 再按 F5 进行放映,幻灯片会根据排练计时设置好的时间进行自动切换。

　　(5) 按 Ctrl+S 组合键,对文件进行保存。

任务四　综合练习

1. 设计模板

打开实验四素材文件夹中的演示文稿"大熊猫.pptx",设置所有幻灯片的设计模板为"流畅"(设置其他设计模板也可以)。

2. 插入幻灯片及调整顺序

　　(1) 已给出的"大熊猫.ppt"演示文稿顺序不合理,将第 1 张幻灯片(一、大熊猫是"草食动物"吗?)和第 2 张幻灯片(大熊猫生存现状)更换位置。

　　(2) 在第 1 张幻灯片前插入一张新幻灯片,幻灯片版式为"标题幻灯片",标题内容为"大熊猫",副标题内容为"关爱人类的伙伴"。

3. 幻灯片母版

设置第 1 张幻灯片的主标题的文字 66 号,居中;副标题的字体为方正姚体,32 号,居中;其余各张幻灯片标题的字体为黑体、44 号。

4. 超链接

　　(1) 在第 2 张幻灯片中分别为目录文字"一、大熊猫是"草食动物"吗?""二、大熊猫的世界影响""三、大熊猫是面临濒危的珍贵稀有动物""四、资金如何用于大熊猫的保护""五、大熊猫的未来前景"创建超级链接,分别链接到第 3、4、5、6、7 张幻灯片。

　　(2) 分别在第 3、4、5、6、7 张幻灯片中设置动作按钮,单击动作按钮,均能返回至标题为"大熊猫生存现状"的第 2 张幻灯片。

5. 设置背景和主题颜色

　　(1) 将第 2 张幻灯片背景填充"蓝色面巾纸"纹理。

　　(2) 将文件夹中的图片"leaf.jpg"作为最后一张幻灯片的背景。

　　(3) 将幻灯片主题颜色中的"超链接"的颜色设置为紫色。

6. 插入图片和声音

　　(1) 把素材文件夹中大熊猫图片插入到第 2 张幻灯片中的右下角,设置缩放比例为 250%。

（2）将文件夹中的声音文件"Music.mid"插入到第一张幻灯片的右下角，要求在整个演示文稿放映过程中能连续循环放映该背景音乐。

7. 设置动画

（1）在第 6 张幻灯片"四、资金如何用于大熊猫的保护"中提供的两条方案以下的位置添加一行文字"你有其他更好的建议吗?"，设置为宋体、32 号、加粗、红色，要求该行文字在单击后才从左侧飞入。

（2）在最后一张幻灯片中，加入内容为"谢谢"的艺术字，动画设置为"缩放"进入。

8. 切换效果和播放方式

（1）设置所有幻灯片切换效果为覆盖、单击鼠标换页、伴有风铃声音。

（2）将标题为"大熊猫的古今分布"的幻灯片的播放方式设置为隐藏。

9. 设置页眉页脚

给幻灯片插入页脚，内容为"http://www.giantpanda.org/"，并设置显示幻灯片编号，其中标题幻灯片中不显示。

10. 保存

将编辑好的演示文稿以文件名"综合 4_1.pptx"，保存至"实验四"文件夹中。

实验五 Internet 应用基础

一、实验目的

1. 掌握网络状态的查看与设置。
2. 掌握局域网内文件共享的方法。
3. 掌握使用浏览器浏览网页的方法。
4. 掌握浏览器的常用功能。
5. 掌握通用搜索引擎和专用搜索引擎的使用。
6. 掌握从网页中搜集信息的方法。
7. 掌握电子邮件的收发及邮件客户端软件的使用。

二、实验内容与步骤

任务一 网络状态的查看与设置

具体要求如下：

（1）查看当前计算机的网络连接状态。

（2）查看本机的 IP 地址，掌握设置 IP 地址的方法。

（3）测试本机网卡是否工作正常，通过 ping 命令测试与"网易"的网站服务器是否连通。

1. 本地连接状态的查看

操作步骤：

（1）在 Windows 7 操作系统桌面的右下角任务栏找到 标志（如果当前计算机采用的是无线网接入，则这里是 标志）。右击该标志，在弹出的快捷菜单中执行"打开网络和共享中心"命令，或单击该标志，在弹出的面板中单击"打开网络和共享中心"链接，即可打开"网络和共享中心"设置面板，如图 5－1 所示。"网络和共享中心"提供了有关网络的实时状态信息。用户可以查看计算机是否连接在网络或 Internet 上、连接的类型、对网络上其他计算机和设备的访问权限级别。

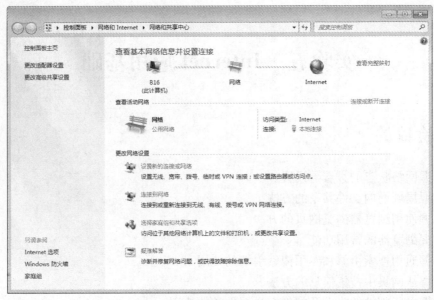

图 5-1 "网络和共享中心"面板

（2）在"网络和共享中心"面板中，单击"查看活动网络"下方的"本地连接"链接（如果用户正在使用的计算机设置了无线连接，还可以在这里看到"无线网络连接"的链接），即可打开"本地连接状态"对话框，如图 5-2 所示。"本地连接"是针对以太网网络适配器创建的，在该对话框中可以查看当前有线网络的状态信息（例如连接持续时间、速度以及数据传送和接收的数量）。单击【详细信息】按钮可以在弹出的对话框中看到包含物理地址、IPv4 地址等更详细的信息，如图 5-3 所示。

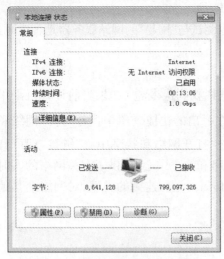

图 5-2 "本地连接状态"对话框

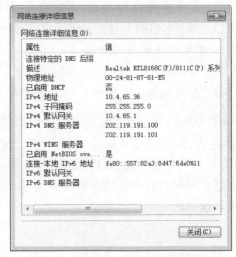

图 5-3 "网络连接详细信息"对话框

2. IP 地址的查看与设置

操作步骤：

（1）在"本地连接状态"对话框中单击【属性】按钮，可以打开"本地连接属性"对话框，如

图 5 - 4 所示。在其中找到"Internet 协议版本 4(TCP/IPv4)"，双击该项目或选中该项目后单击【属性】按钮，即可打开"Internet 协议版本 4(TCP/IPv4)属性"对话框，如图 5 - 5 所示。

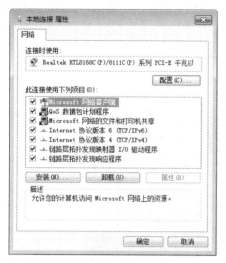

图 5 - 4　"本地连接属性"对话框

图 5 - 5　"Internet 协议版本 4 属性"对话框

（2）在"常规"选项卡中可以看到两个选项：一个是"自动获得 IP 地址"；一个是"使用下面的 IP 地址"。如果选择"自动获得 IP 地址"，则开机后本机会获得由其所在局域网中的 DHCP 服务器(一般为路由器)或 ISP(Internet 服务提供商)动态分配的一个临时 IP 地址。自动获取的 IP 地址是动态的，每次重启计算机后，计算机分配到的 IP 地址都可能是不同的。如果选择"使用下面的 IP 地址"，则需要从用户所在网络的管理员处或网络运营商处得到一个可用的 IP 地址及相关的子网掩码、默认网关等信息。将这些信息填写在本对话框中的相应设置项处即可，如图 5 - 6 所示。手动设置的 IP 地址是静态的，重启计算机后也不会改变，计算机可长期使用本地址接入 Internet。但采用固定 IP 方式上网需要比较昂贵的费用，一般只有特殊的服务器或采用专线上网的计算机才拥有固定的 IP 地址。

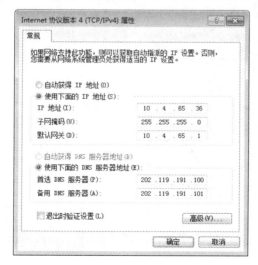

图 5 - 6　手动设置 IP 地址

（3）本机的 IP 地址等信息还可以通过"ipconfig"命令来查看。该命令要在命令行程序中执行。命令行程序可通过在"开始"菜单面板上提示有"搜索程序和文件"的文本框中输入"command"或"cmd"命令打开。在命令行程序窗口中输入"ipconfig"命令后单击 Enter 键，即可显示本机中每个已经配置了的接口的 IP 地址、子网掩码和缺省网关值等信息，如图 5-7 所示。如果当前主机安装了虚拟机和无线网卡的话，它们的相关信息也会出现在这里。

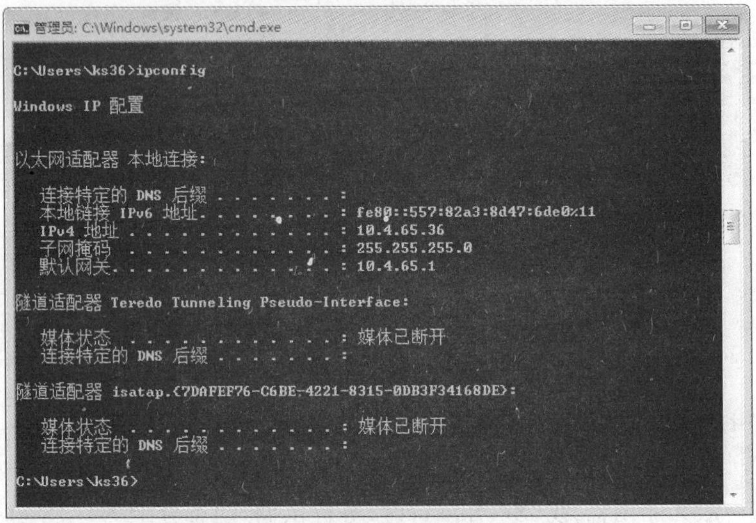

图 5-7　ipconfig 命令执行结果

如果需要更详细地了解本机 IP 地址相关的信息，可以使用"ipconfig/all"命令。此时会增加显示物理地址、DHCP 服务器、DNS 服务器等更加详细的信息，如图 5-8 所示。

图 5-8　ipconfig/all 命令执行结果

说明

（1）Ping 命令。主要用于检查网络是否连通，可协助分析和判定网络故障。该命令来源于短语"Packet Internet Groper"，即因特网包探索器。

（2）Ping 命令的一般格式为 ping 目标 IP 地址。

（3）工作原理。给目标 IP 地址对应的计算机发送一个数据包，再要求对方返回一个同样大小的数据包来确定两台计算机是否连接相通，时延是多少。若能收到对方计算机的回复信息则表示能 ping 通，说明与对方计算机是连通的。

3. 网络连通状态的测试

操作步骤：

（1）ping 命令也要在命令行程序中执行。在命令行程序窗口中输入"ping 127.0.0.1"命令后按 Enter 键确认，可以看到如图 5-9 所示的回复信息。127.0.0.1 是一种特殊的 IP 地址，称为"回送地址（loopback address）"，能 ping 通说明本机的网卡和 TCP/IP 协议设置都没有问题。

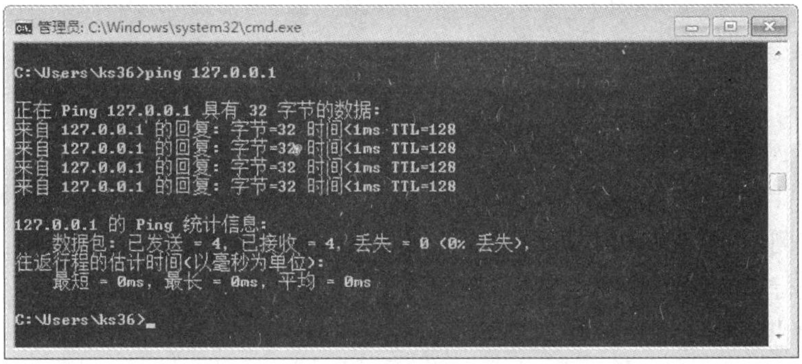

图 5-9　ping 127.0.0.1 命令执行结果

（2）在命令行程序窗口中输入"ping www.163.com"命令后单击 Enter 键，可以看到如图 5-10 所示的回复信息。从回复信息中可以看出网易服务器的 IP 地址为"58.221.78.39"，本地计算机与网易服务器之间是连通的。"时间"反映的是 ping 命令的响应时间，通常以 ms（毫秒）为单位，其值越小说明网速越快。

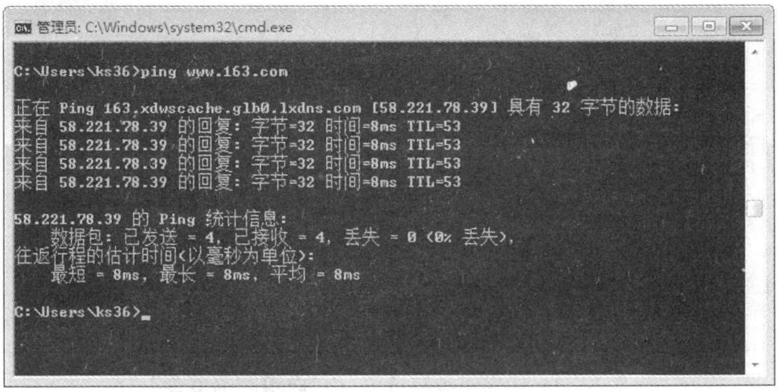

图 5-10　ping www.163.com 命令执行结果

注意

　　Ping 的返回信息还可能会有"Request Timed Out""Destination Net Unreachable"等。"Request Timed Out"表示请求超时,如果对方计算机在指定时间内没有回复你的 ping 请求便会报告此错误。而对方拒绝回复的主要原因可能是对方机器装有过滤 ICMP 数据包的防火墙或已关机。"Destination Net Unreachable"则表示对方主机不存在或没有跟对方建立连接。

任务二　局域网内实现文件共享

具体要求如下:

每两人一组,相互访问对方计算机上设为共享的文件,并相互交换文件。

1. 文件共享的设置与访问

说明

　　两台处于同一局域网中的计算机之间要通过网络相互传送文件,最快的方式就是使用 Windows 系统的"文件共享"功能。

操作步骤:

(1) 打开"网络和共享中心"面板。先查看一下当前的网络性质,图 5－1 中显示当前计算机处于"公共网络"中(当前网络性质是什么,后续高级共享设置就在哪种网络下操作)。再单击面板左侧的"更改高级共享设置",可以进入"高级共享设置"面板。对"公用"网络下方的各选项进行设置:选中"网络发现"下方的"启用网络发现"单选按钮,以及"文件和打印机共享"下方的"启用文件和打印机共享"单选按钮,如图 5－11 所示;选中"密码保护的共享"下方的"关闭密码保护共享"单选按钮,如图 5－12 所示;其余选项保留默认设置。

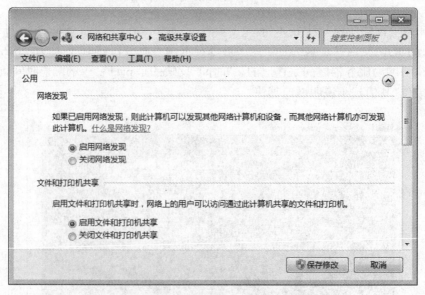

图 5－11　"高级共享设置"中"启用网络发现"

（2）在 D 盘中创建一个名称为"共享图片文件"的文件夹，将想要共享给他人的一个或若干个图片文件放到该文件夹中。

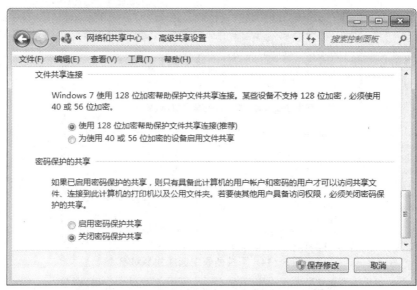

图 5‑12 "高级共享设置"中"关闭密码保护共享"

（3）右击"共享图片文件"文件夹，在弹出的快捷菜单中执行"属性"命令，在打开的对话框中选择"共享"选项卡，如图 5‑13 所示。在该选项卡中可以"网络文件和文件夹共享""高级共享""密码保护"三种不同方式来设置共享。

图 5‑13 共享文件属性对话框

（4）单击【共享】按钮，打开"文件共享"对话框。单击输入框右边的下拉三角，在弹出的下拉列表中选择"Guest"后再单击【添加】按钮（选择"Guest"是为了方便于所有用户都能访问当前共享文件），如图 5‑14 所示。可以看到 Guest 被加入到了共享用户列表中，如图 5‑15 所示。默认的共享"权限级别"是"读取"，即只允许其他用户访问共享文件夹中的文件，不能修改或添加文件。如果想对 Guest 开放修改和添加文件的权限，可以单击"读取"，在弹出的快捷菜单中选择"读/写"命令,如图 5－16 所示。设置好可共享此文件夹的用户和权限级别后单击【共享】按钮即可转到"您的文件已共享"确认面板,单击【完成】按钮结束共享设置。

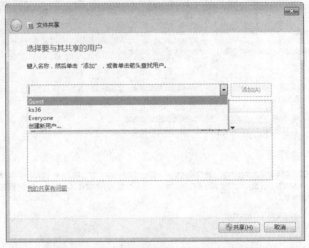

图 5－14　下拉列表中选择共享对象

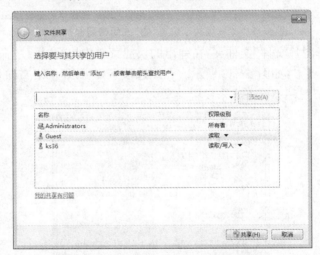

图 5－15　Guest 被加入到了共享用户列表

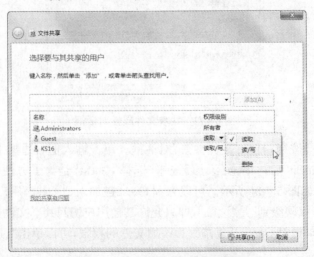

　　　　　　　　　　图 5－16　修改 Guest 的权限级别

（5）局域网中的其他用户如果想访问这台计算机上开设了共享的文件，得知道开设共享文件的计算机的 IP 地址或计算机名（假设开设共享文件夹的计算机的 IP 地址为"10.4.65.36"，计算机名为"B16"）。在任意一个文件浏览窗口的地址栏输入"\\ IP 地址"（根据上述假设，应当输入"\\ 10.4.65.36"），就能看到这个 IP 地址对应计算机上的共享文件夹，如图 5‑17 所示。也可以在桌面上找到"网络"图标，查看当前局域网中所有在线的计算机，如图 5‑18 所示。双击共享了文件的计算机对应的主机名，就能打开文件浏览窗口看到共享文件夹。若想下载某个共享文件，只需要复制该文件，将其粘贴到本地计算机中即可。

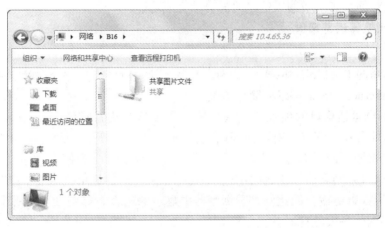

图 5‑17　通过 IP 地址访问共享文件

图 5‑18　"网络"中查看在线计算机

注意

　　由于只有文件夹可以设置为"共享"，如果想要将单个文件共享给网络中的其他用户，需要先创建一个文件夹，将该文件放到文件夹中后，再对文件夹设置共享。

任务三　使用浏览器浏览网页

具体要求如下：

(1) 查看中国药科大学教务处网站的最新公告信息。

(2) 将中国知网首页地址放入收藏夹。

(3) 将百度首页设置为浏览器首页。

(4) 删除 Internet 临时文件和浏览器的历史访问记录。

(5) 取消在网页表单中输入信息时的自动完成功能。

1. 使用浏览器浏览网页

操作步骤：

(1) 双击桌面上的 图标，或在"开始"菜单→"所有程序"中执行"Internet Explorer"命令即可启动 Internet Explorer（以下简称 IE）。

(2) 在 IE 浏览器窗口的地址栏输入中国药科大学网站的域名"www.cpu.edu.cn"后按 Enter 键确认，即可在浏览器中看到该网站主页，如图 5-19 所示。通过拖动浏览器右边的滚动条可以查看网页的下面部分。单击浏览器右下角的【100％】按钮（更改缩放级别）上的下拉三角，可以打开网页缩放比例菜单，从中选择一个合适的显示比例或单击"自定义"输入缩放百分比，可以以更适合的比例查看浏览器中显示的网页。如图 5-20 所示为按 50％的比例显示的中国药科大学官网首页。

图 5-19　中国药科大学官网首页

> **说明**
>
> (1) 浏览器。网页是 Internet 上信息的主要表现形式之一，而浏览器是浏览网页必须具备的一款软件。常用的浏览器软件有 Windows 操作系统自带的 Internet Explorer 浏

览器、Mozilla 公司开发的 FireFox(火狐)浏览器、Google 公司开发的 Chrome 浏览器、百度公司开发的百度浏览器、360 公司开发的 360 安全浏览器以及 Maxthon 公司开发的 Maxthon(傲游)浏览器等。各款浏览器虽然在外观界面和操作简便性等方面各具特色，但软件的主要功能都差不多，掌握其中一款浏览器的使用，其他浏览器的基本操作也能无师自通。

（2）本章内容中涉及浏览器的操作部分均以 Internet Explorer 11 为例介绍。

图 5‑20　按 50%缩放比例显示的中国药科大学官网首页

（3）通过单击主网页上提供的一系列超链接可以直接或间接跳转到该网站的其他页面。将鼠标移至中国药科大学主页的页面底端，单击"行政部门"上方即弹出一个包含本校所有行政部门的列表框，如图 5‑21 所示。单击"教务处"页面将跳转至教务处主页，如图 5‑22 所示。在教务处主页的"最新综合信息"模块中就能查看到教务处最近发布的一些公告信息的标题。单击某个公告标题，可以跳转到详细内容页面查看该公告的详细内容，如图 5‑23 所示。

图 5-21 行政部门中选择"教务处"

图 5-22 中国药科大学教务处网站首页

图 5‒23　教务处公告详情页

> **注意**
> （1）不同的浏览器可能会因使用的内核不同而造成网页的浏览效果不同。
> （2）浏览器内核决定了浏览器如何显示网页的内容以及页面的格式信息，不同的浏览器内核对网页编写语法的解释会有不同，因此同一网页在不同内核的浏览器里的显示效果就有可能不同。
> （3）大部分门户型网站的开发者都会在不同内核的浏览器中测试其网页的显示效果，尽量做到让这些网页在常用浏览器中都是正常显示的。但还是有部分中小型网站只是基于某种浏览器内核开发的，这样就会导致用其他内核的浏览器浏览这些网站会出现显示或操作方面的异常。若在浏览某个网站的网页时出现加载速度慢、页面显示异常、单击超链接无法跳转等问题，可以尝试换一个不同内核的浏览器重新打开网页。
> （4）常用浏览器中，Internet Explorer、百度、360、Maxthon 采用的是 IE 内核，FireFox 采用的是 Gecko 内核，Chrome 采用的是 Webkit 内核。

2. 浏览器"收藏夹"的使用

> **说明**
> 收藏夹可以方便地记录用户经常访问的网页地址，其功能相当于一个"网页通讯录"。

操作步骤：

（1）在浏览器的地址栏输入"www.cnki.net"后按 Enter 键确认，即可在浏览器中看到"中国知网"的主页，如图 5‒24 所示。

（2）右击网页的空白部分，在弹出的快捷菜单中执行"添加到收藏夹"命令，在打开的"添加收藏"对话框中可以设置该网页在收藏夹中的名称以及存放位置（收藏夹中可以创建

图 5-24　中国知网首页

多个子文件夹用于对收藏的网址进行分类），如图 5-25 所示，然后单击【添加】按钮，即可将该网站的网址添加到浏览器的收藏夹中。

（3）单击网页选项卡最右边的正方形色块（即【新建选项卡】按钮），打开一张空白网页。再单击浏览器右上角的五角星形状的按钮（"查看收藏夹、源和历史记录"按钮），打开"收藏夹、源和历史记录"面板，选择"收藏夹"选项卡，如图 5-26 所示。单击刚才收藏的"中国知网"即

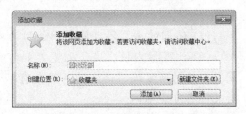

图 5-25　"添加收藏"对话框

图 5-26　"收藏夹"面板

可访问中国知网首页。该面板的右上角有一个【添加到收藏夹】按钮，也可以将当前选项卡中访问的网页添加到收藏夹。单击【添加到收藏夹】按钮右边的下拉三角，在弹出的快捷菜单中选择"整理收藏夹"命令，可以打开"整理收藏夹"对话框，如图 5－27 所示。如果收藏夹中的网址较多，可以通过该对话框中的【新建文件夹】按钮创建多个文件夹，再通过【移动】按钮将这些网址分类存放到相应的文件夹中。

图 5－27　"整理收藏夹"对话框

（4）在"收藏夹、源和历史记录"面板中选择"历史记录"选项卡，可以多种方式查看曾经浏览过的网页历史记录，如图 5－28 所示。

图 5－28　查看"历史记录"

（5）右击 IE 浏览器的标题栏，执行快捷菜单中的"收藏夹栏"命令，可以打开浏览器的收藏夹栏，如图 5－29 所示。收藏夹栏中排列着浏览器收藏夹的"收藏夹栏"文件夹中收藏的各网页名称，可以将最常访问的一些网址放到收藏夹栏上，这样便能更加方便快捷地访问到这些网页。单击收藏夹栏中的 按钮（"添加到收藏夹栏"按钮）可以将当前选项卡中访问的网页直接添加到收藏夹栏中。

图 5 – 29　带"收藏夹栏"的浏览器

3. "Internet 选项"中的常用功能

操作步骤:

(1) 单击浏览器右上角的齿轮状按钮(【工具】按钮),在弹出的下拉菜单中执行"Internet 选项"命令即可打开"Internet 选项"对话框,如图 5 – 30 所示。执行"工具"菜单中的"Internet 选项"命令也可以打开该对话框。

(2) 在"常规"选项卡中,将"http://www.baidu.com/"填写到"主页"下面的地址输入框中,单击【确定】按钮即可完成浏览器主页的设置,如图 5 – 31 所示。关闭 IE 浏览器再重新打

说明

(1) "Internet 选项"面板包含了当前浏览器大部分的功能设置。

(2) 浏览器主页就是打开浏览器后加载的第一张网页。可以将最常访问的网站设置为浏览器的首页,这样能更方便地访问这些网站。

(3) Internet 临时文件夹。其中存放着用户最近浏览过的网页内容。当用户在浏览器地址栏输入网址并按 Enter 键确认后,浏览器首先会在本机硬盘中寻找与该网址对应的网页内容:若找到就把该网页的内容调出,显示在浏览窗口,然后再连接到网站的服务器读取更新的内容并显示;若找不到,浏览器才会去连接网站服务器,请求获取相应网页内容,浏览器会在收到的网页显示在浏览窗口的同时,将该网页内容保存在本机的临时文件夹中。因此,临时文件夹可以提高用户访问网页的速度。但随着网页访问数量的增多,临时文件夹的容量会变得很大,占用了很多硬盘空间,需要定期对临时文件夹进行清理。

(4) 自动完成功能可以保留用户曾经在浏览器地址栏或网页的表单中键入的内容,能根据用户再次输入的内容自动匹配并显示以前输入过的条目。该功能在为用户上网提供便利的同时也会将一些重要的个人信息无意中透露给其他使用该电脑的人,因此在公用的电脑上最好关闭浏览器的这个功能。

开,会看到浏览器打开后将自动加载百度首页。单击【新建选项卡】按钮,打开一张空白网页,再单击浏览器右上方的房子形状按钮(【主页】按钮),也可以加载百度主页。事实上,不论当前浏览器打开的是什么网页,只要单击【主页】按钮,都可以跳转到浏览器主页设置的网页。如果不希望打开浏览器时加载任何网页,可以在"常规"选项卡"主页"下面的地址输入框中输入"about:blank"再单击【确定】按钮,如图 5-30 所示。这样打开浏览器后将会加载一张空白网页。

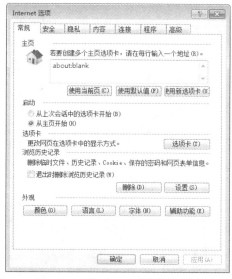

图 5-30　"Internet 选项"对话框

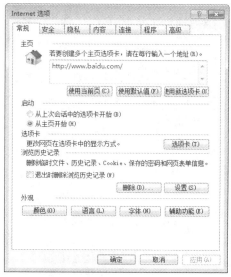

图 5-31　将"百度"设为主页

(3) 在"常规"选项卡"浏览历史记录"下方单击【设置】按钮,在弹出的"网站数据设置"对话框中再单击【查看文件】按钮,可以打开 Internet 临时文件夹。该文件夹中存放着用户最近浏览过的网页及网页中包含的图片、动画、格式控制、cookies(某些网站为了辨别用户身份而储存在用户本地终端上的数据)等文件,如图 5-32 所示。回到"常规"选项卡中单击【删除】按钮,

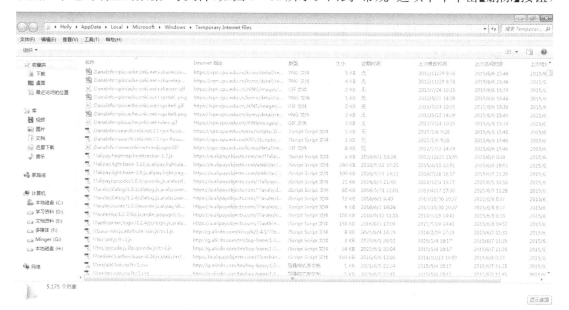

图 5-32　Internet 临时文件夹

可以打开"删除浏览历史记录"对话框,如图 5-33 所示。选择想要删除的历史记录类型,点击"删除"即可。再次查看 Internet 临时文件夹,可以看到该文件夹中的内容已经被清空了。

(4) 在"Internet 选项"对话框中单击"内容"选项卡,单击"自动完成"下方的【设置】按钮,在弹出的"自动完成设置"对话框中取消选中"表单"复选框和"表单上的用户名和密码"复选框,如图 5-34 所示,再单击【确定】按钮。这样再在网页的表单中填写信息时,就不再会弹出曾经输入过的信息提示。

图 5-33 "删除浏览历史记录"对话框

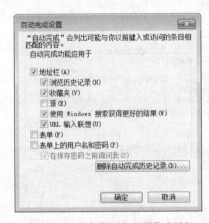

图 5-34 "自动完成设置"对话框

任务四　搜索引擎的使用和信息的保存

具体要求如下:

(1) 使用百度搜索引擎搜索指定信息。

(2) 使用中国知网搜索引擎搜索某研究领域论文。

(3) 保存指定网页。

(4) 保存网页中的文字或图片信息。

(5) 下载"360 安全卫士"的安装程序。

1. 百度搜索引擎的使用

操作步骤:

> **说明**
>
> (1) 搜索引擎:当用户在搜索引擎的输入框中输入欲查找信息的关键词时,搜索引擎会在数据库中进行搜寻,如果找到与用户要求内容相符的网站,便采用特殊的算法——通常根据网页中关键词的匹配程度、出现的位置、频次、链接质量——计算出各网页的相关度及排名等级,然后根据关联度高低,按顺序将这些网页链接返回给用户。
>
> (2) 百度是全球最大的中文搜索引擎,通过百度可以从 Internet 上公开展示的信息中快速检索到指定信息所在的网页。

（1）在浏览器的地址栏输入"www.baidu.com"后按 Enter 键确认，即可在浏览器中打开"百度"搜索引擎的主页，如图 5‑35 所示。

图 5‑35 "百度"首页

（2）在网页中间的搜索框中输入"九寨沟天气预报"，便自动跳转到如图 5‑36 所示的搜索结果页面。搜索结果中可以直接看到九寨沟 5 天内的天气情况，百度引擎对于一些常用的信息量不大的搜索结果可直接展示在搜索结果页面上，以方便用户阅读。

图 5‑36 "九寨沟天气预报"检索结果

(3) 将搜索框的搜索关键字改成"搜索技巧",即可显示一些和搜索引擎使用技巧相关的搜索结果,如图 5-37 所示。搜索结果通常是以超链接的形式按条目列出的,每条检索结果的下方都会有一些网页中和关键字匹配的内容的说明。用户可根据下方的说明选择并单击页面信息更为匹配的一些超链接,跳转到详细内容页面去浏览信息。

图 5-37 "搜索技巧"检索结果

2. 知网搜索引擎的使用

操作步骤:

(1) 通过中国药科大学官网主页"教辅及直属单位"中的"图书馆"链接或在浏览器地址栏输入"lib.cpu.edu.cn"即可访问中国药科大学图书馆首页,如图 5-38 所示。

图 5-38 "中国药科大学图书馆"首页

（2）单击"中国期刊全文数据库"链接即可跳转到数据库登录页面，如图 5-39 所示。单击【登录】按钮或单击四个镜像网址中的任意一个，即可跳转到中国知网首页，如图 5-40 所示。不同于直接访问知网首页的是，此时主页上会有"欢迎中国药科大学的朋友！"字样，以标识你是以会员身份登录知网的。

图 5-39 "中国期刊全文数据库"免费访问通道

图 5-40 知网首页搜"六味地黄丸"

> **说明**
>
> 　　中国知网是中国最大的数字图书馆。它提供了 CNKI 源数据库、外文类、工业类、农业类、医药卫生类、经济类和教育类多种数据库。其中综合性数据库为中国期刊全文数据库、中国博士学位论文数据库、中国优秀硕士学位论文全文数据库、中国重要报纸全文数据库和中国重要会议论文全文数据库。每个数据库都提供初级检索、高级检索和专业检索三种检索功能。非注册用户可免费进行资料的检索，但文件资料的下载功能只针对注册用户开放。国内各高校在校生通常可使用校园网内的某台计算机通过本校图书馆网站提供的免费通道进入中国知网进行资料的检索和下载。
>
> 　　本书将以中国药科大学图书馆网站为例介绍免费访问中国知网的方法，其他高校方法类似。

　　（3）在检索关键字的输入框输入"六味地黄丸"，单击"全文"右边的下拉三角，在弹出的下拉列表中选择"篇名"，如图 5-40 所示，再单击【检索】按钮，即可跳转到所有文章标题中有"六味地黄丸"的检索结果列表，如图 5-41 所示。在此页面可以选择根据"来源数据库""学科""发表年度""研究层次""作者""机构""基金"对检索结果进行不同的分组浏览。还可以根据"主题""发表时间""被引"次数和"下载"次数对结果进行排序。

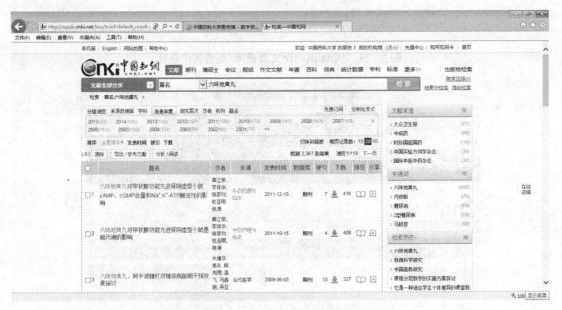

图 5-41　"六味地黄丸"检索结果

　　（4）选择某篇论文，单击文章的题名转到该文章的详情页面，可对文章的摘要、关键字做进一步了解，如图 5-42 所示。如果想要下载此篇论文，可单击"CAJ 下载"或"PDF 下载"，即可下载相应格式的论文文件。

图 5‑42　某篇论文的详情页面

3. 网页信息的保存

操作步骤：

（1）在百度搜索栏中输入关键字"鱼香肉丝菜谱"即可检索到一系列介绍鱼香肉丝做法的网页链接，如图 5‑43 所示。

图 5‑43　"鱼香肉丝"的百度检索结果

> **说明**
>
> (1) 信息保存：Internet 上的信息经常会更新，如果碰到有用的信息可将其保存到本地计算机上进行储存。保存信息时可根据需要选择保存整张网页，还是仅保存页面上的部分文字、图片，或是下载某个文件。通常门户性网站中的网页都充斥着各种广告和冗余信息，因此不建议保存整张网页，可仅选择部分有用的信息进行保存。
>
> (2) 网页保存格式整张网页可以保存成 htm/html 或 mht 格式。
>
> ① 若保存成 htm/html 格式，则 htm/html 文件中仅保存 HTML 代码，网页中内嵌的图片、CSS 样式文件、javascript 文件等资源会单独保存在另外一个与网页同名的文件夹中。
>
> ② mht 文件又称为单一文件网页，它可将网站的所有元素（包括 html 代码、图片等）都保存到单个文件中，便于拷贝或移动。

(2) 单击一个菜谱链接，可以打开一张图文并茂的菜谱介绍网页，如图 5-44 所示。执行"文件"菜单→"另存为"命令，在弹出的"保存网页"对话框中设置文件的保存位置，将文件名修改成"鱼香肉丝做法"，文件类型采用默认设置，如图 5-45 所示，最后单击【保存】按钮。可以看到保存成功的"家常鱼香肉丝的做法.htm"文件和一个"家常鱼香肉丝的做法_files"文件夹。"鱼香肉丝做法_files"文件夹中保存着网页中用到的图片、css 样式文件等。移动 htm 文件或_files 文件夹中的任意一个，另外一个也会跟着一起移动。

图 5-44 鱼香肉丝菜谱介绍页面

(3) 执行"文件"菜单→"另存为"命令，在弹出的"保存网页"对话框中设置文件的保存类型为"Web 文档，单个文件(*.mht)"后单击【保存】按钮，可以看到网页被保存成了一个"鱼香肉丝做法.mht"文件。

图 5-45　"保存网页"对话框

（4）如果只需要保存网页中部分图文内容，可以将光标插入到保存内容的起始位置，然后按下鼠标左键拖曳到选择内容的结尾处，按下 Ctrl+C 组合键进行复制。创建一个空白的 Word 文档，按下 Ctrl+V 组合键将复制的内容粘贴到文档中，如图 5-46 所示。

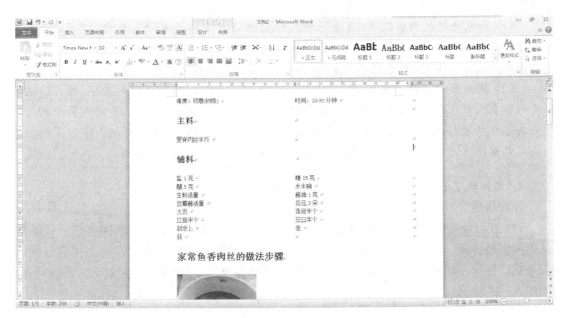

图 5-46　复制网页中的文字直接粘贴到 Word 文档中

（5）如果想保存网页中的某张图片，可以先单击图片，看该图片是否有原始图片对应的网页。因为很多网页为了提高加载速度且便于用户预览图片，在网页中展示的都是图片的缩略图，单击这些缩略图才会跳转到原始图片所在网页。在图片上方右击鼠标，在弹出的快捷菜单中执行"图片另存为"命令,在打开的"保存图片"对话框中设置该图片的保存位置、"文件名""保存类型",如图 5－47 所示,单击【保存】按钮即可完成图片的保存。

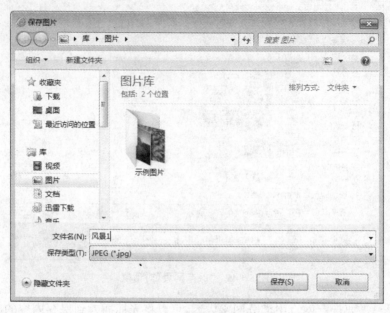

图 5－47 "保存图片"对话框

注意

　　(1) 如果选择的内容较多,通过拖动鼠标左键的方法进行选择不够方便,可以在要选择内容的起始位置处单击鼠标左键,再移动到选择内容结束的位置处,在按下 Shift 键的同时单击鼠标左键,则两次单击鼠标之间的一段内容会处于选中状态。

　　(2) 将网页中选择的内容直接粘贴到 Word 文档中会保留网页中的文字、图片及这些内容在网页中的格式,需要耗费较多的时间进行内容的转码。如果只是将网页中的部分文字信息进行保存,可以使用"只保留文本"的方式进行粘贴,这样可以去除网页的格式只粘贴所选内容中的文字,不仅粘贴速度快,也便于后期的 Word 排版。

---

4. 文件的下载

操作步骤:

(1) 在百度搜索栏中输入关键字"360 安全卫士下载"即可检索到一系列可以下载该软件的网页超链接。由于该软件是一款免费软件,因此建议选择开发该软件的公司的官网进行下载。这里可以单击网页来源是"www.360.cn"的超链接,打开 360 安全卫士的下载网页,如图 5－48 所示。

图 5-48　"360 安全卫士"官网下载页面

（2）单击【免费下载】按钮，浏览器下方会弹出一个浮动面板，如图 5-49 所示。单击【运行】按钮，则浏览器会将安装文件下载到默认的"下载"文件夹中，下载完毕后自动运行文件启动安装过程。单击【保存】按钮则浏览器只会将文件保存在"下载"文件夹中不自动运行。如果想指定文件的保存位置，可以单击【保存】按钮右边的下拉三角，在弹出的快捷菜单中执行"另存为"命令，则会打开如图 5-50 所示的"另存为"对话框，在其中设置下载以后文件的名称及保存位置。文件下载完成后，浮动面板会有如图 5-51 所示的提示。

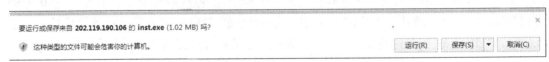

图 5-49　文件下载面板

图 5-50　文件"另存为"对话框

inst.exe 下载已完成。		运行(R)	打开文件夹(P)	查看下载(V)	×

图 5-51　文件下载完成面板

注意

　　通常浏览器自带的下载工具下载文件的速度都不够快,有些还不支持"断点续传",如果网络在文件下载到一部分时出现了故障,则整个文件需要重新下载。建议安装一个"迅雷"或"FlashGet"(快车)这样的网络文件专用下载工具会更加方便。

任务五　电子邮件的收发和电子邮件客户端软件的使用

具体要求如下:

(1) 注册一个"网易"免费邮箱。

(2) 通过 Web 进行电子邮件的收发。

(3) 通过 Outlook Express 进行电子邮件的收发。

1. 免费邮箱的注册

操作步骤:

(1) 在浏览器的地址栏输入"www.163.com"后按 Enter 键确认,即可在浏览器中打开"网易"的网站主页,如图 5-52 所示。单击页面顶端的"注册免费邮箱"链接即可跳转到免费邮箱的注册页面,如图 5-53 所示。该页面提供了"注册字母邮箱""注册手机号码邮箱"和"注册 VIP 邮箱"三种不同的注册通道。"字母邮箱"可以字母、数字、下划线构成的字符串作为邮箱的用户名,用户名可以展现邮箱主人的一些个性特点,但易受重名困扰。"手机号码邮箱"可以用户手机号码作为邮箱的用户名,不用担心重名问题,但容易通过邮箱地址暴露个人信息。"VIP 邮箱"需要付费试用。用户可根据自己的需要选择采用具体的方式注册邮箱。

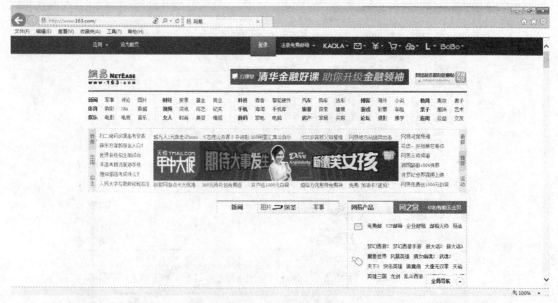

图 5-52　网易首页

图 5-53 网易邮箱注册页面

（2）单击【注册字母邮箱】按钮，打开字母邮箱的注册表单。填写好相关信息后单击【立即注册】按钮即可跳转到如图 5-54 所示的验证页面。填写手机号码、图片验证码、短信验证码后单击【提交】按钮完成邮箱的注册。

图 5-54 申请网易邮箱的验证页面

2. 通过 Web 进行电子邮件的收发

操作步骤：

（1）在浏览器中访问网易网站首页，将鼠标放在页面顶端的【登录】按钮上，即可弹出登录表单,填写电子邮箱的用户名和密码,如图 5－55 所示,单击【登录】按钮。在随后弹出的下拉菜单中选择"进入我的邮箱",即可进入邮箱的主界面。也可以在网易主页上的"网易产品"处单击"免费邮"链接,跳转到如图 5－56 所示的登录界面进行登录。

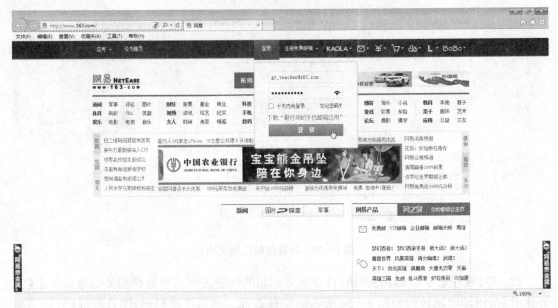

图 5－55　网易邮箱登录表单

图 5－56　网易邮箱登录网页

　　(2) 登录成功后,网页转到电子邮件的操作主页面。单击【收信】按钮或"收件箱"链接,可以打开收件箱查看收到的电子邮件,如图 5－57 所示。单击邮件主题可以转到邮件的详细页面查看邮件的内容,如图 5－58 所示。单击邮件上方的【回复】按钮可对当前邮件进行回复,单击【转发】按钮可将该邮件转发给其他联系人。邮件所携带的附件通常列在邮件正文的下方,将鼠标放在附件上方,会弹出如图 5-59 所示浮动面板,可选择对该附件执行"下载""打开""预览"或"存网盘"等操作。

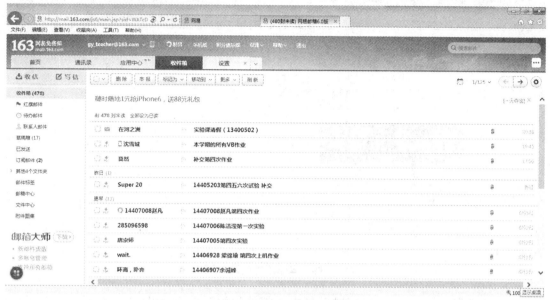

图 5-57　查看"收件箱"中的邮件

图 5-58　查看邮件详细内容页面

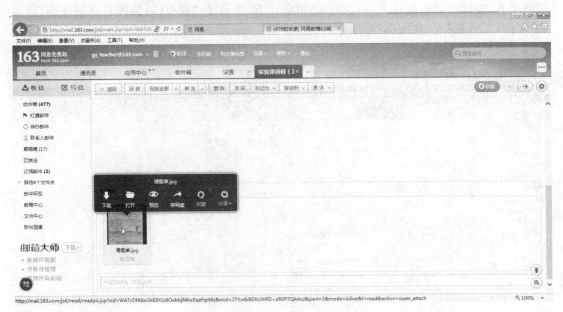

图 5‑59 操作附件的浮动面板

（3）单击【写信】按钮，页面将跳转到电子邮件的编辑页面，如图 5‑60 所示。在"收件人"后填写收件人的电子邮箱地址，如果有多个收件人的话，各邮箱地址之间用逗号或分号间隔。在"主题"后填写邮件的标题，这样收件人可以根据收到的邮件标题知道邮件的大致内容，从而有所选择的进行阅读。邮件正文填写在页面左下方的大编辑框中，编辑框的上方有一些邮件格式的设置工具，可对邮件正文的文字、格式等进行设置。如果需要跟随当前邮件发送附件，可以单击"添加附件"，在弹出的对话框中选择要跟随邮件一起发送的文件，文

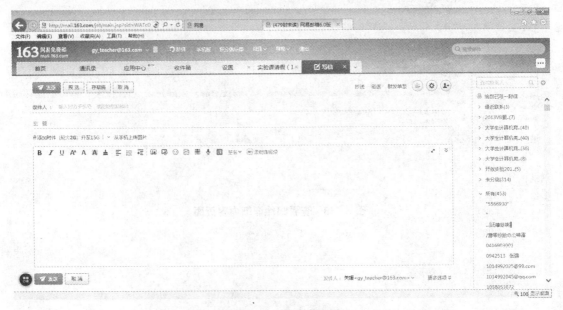

图 5‑60 "写信"页面

件会自动进行上传。如果有多个文件需要发送的话,建议将它们全放在一个文件夹中通过压缩软件压缩成一个文件,这样便只需要执行一次添加附件的操作。最后单击【发送】按钮发送本邮件。

3. 通过 Windows Live Mail 进行电子邮件的收发

操作步骤:

(1) 在"开始"菜单的命令输入框中输入"mail"后按 Enter 键确认,即自动在浏览器中访问如图 5–61 所示的 Windows Essentials 软件包的下载页面,单击【Download now】按钮下载安装文件。软件的安装过程在此不详述。

图 5–61　"Windows Essentials"下载页面

(2) 软件安装完成后,启动"开始"菜单,执行"所有程序"→"Windows Live Mail"命令,启

说明

(1) 电子邮件客户端软件。在 Windows Vista 操作系统及之前的版本中,Windows 系统都自带有电子邮件客户端软件 Outlook Express,这是一款可收、发、写、管理电子邮件的工具。同类软件中较为著名的还有 Foxmail。但从 Windows 7 系统开始后,系统不再自带电子邮件客户端软件,如果用户需要,可以从微软网站免费下载 Windows Essentials 软件包,该软件包中包含的 Windows Live Mail 是一款与 Outlook Express 功能类似的电子邮件客户端软件。

(2) Windows Live Mail 软件。通常用户在某个网站注册了自己的电子邮箱后,要收发电子邮件,得先访问该网站,输入邮箱账号和密码,进入电子邮箱网页后才能进行电子邮件的收、发、写操作。使用 Windows Live Mail 后,可将用户的多个电子邮箱账号与软件中创建的多个账号分别绑定。之后,电子邮件的发送和收取操作就可由 Windows Live Mail 程序与相应的电子邮箱服务器进行通信来完成。该软件还提供了电子邮件的编写和管理等功能,使得用户可以更方便地操作电子邮件。

动软件。首次打开该软件,会弹出一个"Microsoft 服务协议"确认对话框,如图 5-62 所示,单击【接收】按钮即可进入软件主界面。如果该软件中没有为任何电子邮件设置账户,则打开软件时会自动弹出添加电子邮件账户的对话框,如图 5-63 所示,在其中填写想要绑定的电子邮箱地址、密码、发件人名称等信息后,单击【下一步】按钮,系统会自动根据你的邮箱地址帮你设置好发送和接收邮件的服务器,从而直接转到如图 5-64 所示的账户添加完成确认框,单击【完成】按钮即可。如果在图 5-63 所示的对话框中勾选"手动配置服务器设置",再单击【下一步】,则会转到如图 5-65 所示的"配置服务器设置"对话框。用户需要手动输入邮箱地址对应的邮件发送和接收服务器,如图 5-65 所示,再单击【下一步】才能打开图 5-64 所示的确认对话框。

图 5-62 "Microsoft 服务协议"确认对话框

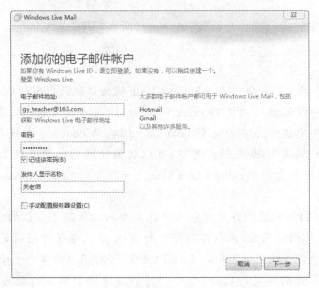

图 5-63 添加电子邮件账户对话框

图 5 - 64　账户添加完成对话框

图 5 - 65　手动配置邮件服务器

（3）账户添加完成后，Windows Live Mail 会自动与该账户绑定的电子邮件地址对应的邮件服务器建立连接，进行邮件的接收，并将接收到的邮件按列表形式展示在软件中。单击某封邮件，可以在邮件列表右边的面板中查看该邮件的详细内容，如图 5 - 66 所示。双击某封邮件，则可以打开一个新的窗口查看该邮件的详细内容。

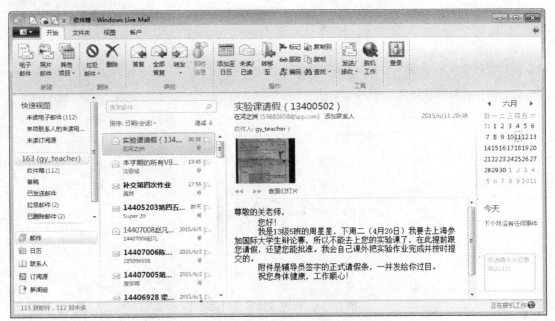

图 5-66　查看收到的邮件

（4）单击工具栏的【电子邮件】按钮，可以打开如图 5-67 所示的"新邮件"编辑窗口。新邮件的编辑方式与 Web 中编辑新邮件的方式类似，在此不再赘述。若邮件有附件，可通过【附加文件】按钮添加。邮件编辑完成后，单击【发送】按钮即可发出本封邮件。

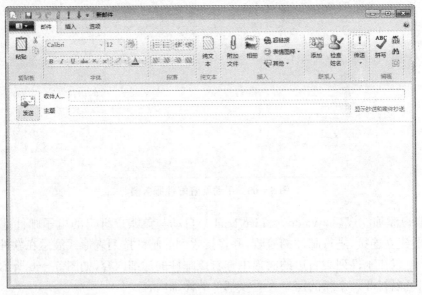

图 5-67　编辑"新邮件"窗口

（5）Windows Live Mail 中可以分别为多个电子邮箱创建账户，如果想添加其他电子邮箱对应的账户，可以切换到"账户"选项卡，单击【电子邮件】按钮，即可弹出和图 5-63 相同的添加新账户对话框。添加新账户的方式与前述相同，在此不再赘述。

任务六　综合练习

1. 查看其他同学的共享文件,并将当前文件浏览窗口截图(通过 Alt+Print Screen 组合键抓取当前屏幕活动窗口)以文件名"查看共享文件.jpg"保存到"实验五"文件夹中。(参考图 5–16)

2. 搜索并下载 WinRAR 软件的安装程序。

3. 在"中国知网"中检索篇名包含关键字"肿瘤标志物"的科研论文,按照论文的发表时间进行排序,请将检索结果第 1 页的网页保存成名称为"肿瘤标志物知网检索结果"的 mht 文件,保存路径为"实验五"文件夹。

4. 糖尿病是一种常见的慢性疾病,请您写出一篇介绍"糖尿病"相关知识的文章。主要介绍"糖尿病"的病因、症状、分类、治疗手段、主要药物及其生产厂家、糖尿病人生活中需要注意的事项等。

具体要求:

(1) 注意文章的逻辑结构和内容组织,做到内容丰富、条理清楚,不要写成各种文字资料的拼凑。

(2) 请用 Word 对文章做简单的排版,保证格式的统一和美观(注意字体、段落和页面等格式设置)。

(3) 请给文章起一个合适的标题,标题下方注明您的班级、专业、学号和姓名。

(4) 文中请以表格形式列出常用糖尿病药物的名称、英文名、分子式、生产厂家等信息。

(5) 文章的结尾请注明您文章中内容的参考来源(即参考网页的 URL)。

(6) 以"糖尿病介绍"为名称将该文档保存至"实验五"文件夹。

5. 通过前段时间学习,您对《计算机信息技术基础》这门课程的理论及实验教学有什么意见或建议? 请您通过电子邮件的方式将您的想法反馈给实验课老师。

要求:

(1) 邮件的"主题"为您的"学号+姓名+建议信"。

(2) 邮件中应包含您的基本信息的介绍,如学号、姓名、专业等。

(3) 请将实验一综合练习中的自我介绍"introduce myself.txt"文本文件作为本邮件的附件一并发送给您的实验课老师。

实验六　Photoshop 图像处理

一、实验目的

1. 掌握 Photoshop 的基本操作。
2. 掌握套索工具、羽化工具、剪裁的使用方法。

二、实验内容与步骤

> **说明**
>
> （1）Photoshop 是 Adobe 公司旗下最为出名的图像处理软件之一，集图像扫描、编辑修改、图像制作、广告创意，图像输入与输出于一体，其在医学图像领域也获得了广泛关注。
>
> （2）PSD 文件是 Photoshop 默认保存的文件格式，可以保留所有图层、色板、通道、蒙版、路径、未栅格化文字以及图层样式等，但无法保存文件的操作历史记录。

任务一　Photoshop 基本图像处理功能——变脸特效

具体要求如下：

（1）打开实验六素材文件中的图片文件"变脸 1.jpg"、"变脸 2.jpg"，利用 Photoshop 创作一幅变脸的特效作品。

（2）将制作好的图片命名为"实验 6_1.jpg"，保存在"实验六"文件夹中。

1. 打开素材图片

操作步骤：

（1）在"开始"菜单→"所有程序"中执行"Photoshop CS6"命令，显示如图 6－1 所示的 Photoshop CS6 工作界面。工作区域包括以下组件：菜单栏、选项栏、工具箱和调板窗。

图 6-1　Photoshop 工作界面

（2）打开实验六素材文件夹下的"变脸 1.jpg"和"变脸 2.jpg"两张图片，如图 6-2 和图 6-3 所示。

图 6-2　变脸 1

图 6-3　变脸 2

2. 选取"变脸 2"中的人物面部图像

操作步骤：

（1）选中工具箱中的磁性套索工具，沿着人物脸部的轮廓移动鼠标进行选取，完成后有虚线显示，如图 6-4 所示。

（2）按下 Ctrl+C 组合键，复制人物脸部图像。

（3）选中图片"变脸 1"，将复制的脸部图像粘贴到"变脸 1"中，如图 6 - 5 所示。

图 6 - 4　选取脸部

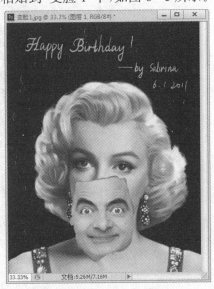

图 6 - 5　粘贴脸部

3. 调整脸部图像的位置、大小及角度

> **说明**
>
> 　　图层是 Photoshop 操作的基本单元，图层就像是含有文字或图形等元素的胶片，一张张按顺序叠放在一起，组合起来形成页面的最终效果。图层可以将页面上的元素精确定位。图层中可以加入文本、图片、表格、插件，也可以在里面再嵌套图层。

操作步骤：

（1）在图层面板中选择"图层 1"，降低不透明度为 50％，如图 6 - 6 所示。

（2）选中工具箱中的"移动"工具，将脸部图像移动到合适位置。

（3）执行"编辑"菜单→"自由变换"命令，在脸部图像周围出现一个调整框，按下 Shift 键，用鼠标指针拖曳调整框的端点，将脸部图像调整到合适大小。

（4）将鼠标指针移动到调整框任一角的外侧，变成弯曲箭头时，单击鼠标进行角度调整。

（5）最后增加不透明度为 100％，按 Enter 键完成调整，如图 6 - 7 所示。

图 6‑6 图层设置

图 6‑7 调整脸部

4. 图像边缘融合

> **说明**
>
> 　　仿制图章是 Photoshop 软件中的一个工具，用来复制取样的图像，它能够按涂抹的范围复制全部或者部分到一个新的图像中。从图像中取样，可将样本应用到其他图像或同一图像的其他部分。也可以将一个图层的一部分仿制到另一个图层。

操作步骤：

（1）选择工具箱的"橡皮工具"擦除衔接部位多余的部分。

（2）选择工具箱中的"仿制图章"工具，调整画笔主直径到 50，按下 Alt 键，当鼠标指针变成图章时单击复制过来的脸部图像的边缘，松开 Alt 键，再次单击衔接的边缘，可将衔接边缘部分与脸部图像融合，如此反复进行，直至边缘部分逐渐融合为一体。

（3）选择工具箱中的"模糊工具"，涂擦脸部图像边缘，使之与底图更加融合。右击选择图层窗口中的"图层 1"，选择"向下合并"，将新的人脸和背景合并，如图 6‑8 所示。

5. 设置光照效果

操作步骤：

（1）执行"滤镜"菜单→"渲染"→"光照效果"命令，打开"光照效果"对话框，按图示进行设置，如图 6‑9 所示。

图 6‑8 融合边缘

（2）使得脸部图像相对昏暗，以减少脸部融合后边缘的清晰度，如图 6‑10 所示。

图 6‑9　渲染滤镜　　　　　　　　　　　　　图 6‑10　最终效果

（3）将完成的图像命名为"实验 6_1.jpg"，保存在"实验六"文件夹中。

任务二　Photoshop 基本图像处理功能——火焰文字

具体要求如下：

（1）用 Photoshop 创作一幅火焰字特效作品。

（2）将制作好的图片命名为"实验 6_2.jpg"，保存在"实验六"文件夹中。

1. 新建背景图层

操作步骤：

（1）将 Photoshop 工具箱中的背景色设置为白色，前景色设置为黑色。

（2）执行"文件"菜单→"新建"命令，新建一个文档，尺寸设置为宽度 480 像素，高度 240 像素，颜色模式选择 RGB 颜色 8 位，如图 6‑11 所示。

（3）完成相应设置后单击【确定】按钮关闭对话框。

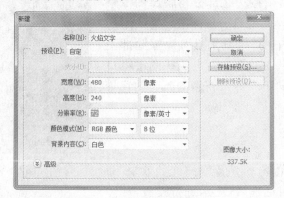

图 6‑11　新建文件

2. 创建文字图层

操作步骤：

（1）选择工具箱中的"油漆桶"工具，将文档的背景填充为黑色。

（2）选择工具箱中的"横排文字蒙版工具"，在文档中绘制出文本框，输入文字"FIRE"。

（3）执行"窗口"菜单→"段落"命令，打开"字符"面板，设置字体为 Bookman Old Style，文字大小为 72 点，水平缩放 150%，垂直缩放 150%，加粗，如图 6‑12 所示。

图 6‑12　设置字体效果

3. 设置蒙版、涂抹和滤镜效果

说明

（1）蒙板是将不同灰度色值转化为不同的透明度，并作用到它所在的图层，使图层不同部位透明度产生相应的变化。黑色为完全透明，白色为完全不透明。

（2）滤镜是用来实现图像的各种特殊效果。滤镜通常需要同通道、图层等联合使用，才能取得最佳艺术效果。

操作步骤：

（1）选择工具箱中的"移动工具"，设置背景色为黑色，将文字蒙版移动到合适的位置，将前景色设置为白色，选择工具箱中的"油漆桶"工具喷涂文字"FIRE"的内部，如图 6‑13 所示。

（2）按下 Ctrl+D 组合键，取消选择。选择工具箱中的"涂抹工具"，在其画笔设置界面中选择如图 6‑14 所示的名为"粉笔 60 像素"的样式。

图 6‑13　蒙版喷涂

图 6‑14　涂抹设置

（3）使用"涂抹工具"沿着垂直向上的方向拉伸字体，如图6－15所示。

（4）执行"滤镜"菜单→"模糊"→"高斯模糊"命令，模糊半径选择3像素，如图6－16所示。

图6－15　涂抹文字

图6－16　高斯模糊

4. 文字颜色调整

操作步骤：

（1）执行"图像"菜单→"调整"→"色彩平衡"命令，调整色阶为：85,0,－28,如图6－17所示。

（2）选择工具箱中的"横排文字工具"，再次输入文字"FIRE"，然后移动文字与之前的文字蒙版位置重合，如图6－18所示。

（3）选中背景图层，执行"图像"菜单→"调整"→"色彩平衡"命令，调整色阶为：90,22,－60,如图6－19所示。

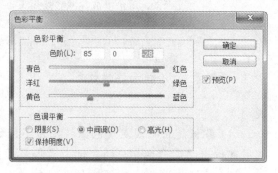

图6－17　色彩平衡

图6－18　移动文字

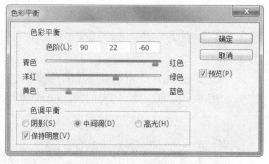

图6－19　色彩平衡

5. 透明度设置及文件保存

操作步骤：

（1）选中"FIRE"文字图层，调整不透明度为65％,如图6－20所示。

（2）图片效果如图6－21所示，将制作好的图片命名为"实验6_2.jpg",保存在"实验六"文件夹中。

图 6-20　不透明度

图 6-21　最终效果

任务三　Photoshop 医学图像功能处理

具体要求如下：

（1）对实验六素材文件夹中的图片文件"医学 1.jpg"进行锐化处理，将处理好的图片命名为"实验 6_3.jpg"，保存在"实验六"文件夹中。

（2）对实验六素材文件夹中的图片文件"医学 1.jpg"进行反相处理，将处理好的图片命名为"实验 6_4.jpg"，保存在"实验六"文件夹中。

（3）对实验六素材文件夹中的图片文件"医学 2.jpg"进行伪彩色处理，将处理好的图片命名为"实验 6_5.jpg"，保存在"实验六"文件夹中。

1. 锐化处理

> **说明**
>
> （1）锐化。通过补偿图像的轮廓，增强图像的边缘及灰度跳变的部分，加强图像轮廓，降低模糊度，使图像清晰。
>
> （2）USM 锐化。按指定的阈值查找不同于周围像素值的像素，并按指定的数量增加像素的对比度。因此，对于阈值指定的相邻像素，根据指定的数量，较浅的像素变得更亮，较暗的像素变得更暗。

操作步骤：

（1）在 Photoshop 中打开实验素材中的"医学 1.jpg"。

（2）执行"滤镜"菜单→"锐化"→"USM 锐化"命令，打开"USM 锐化"对话框，设置数量为 200％，半径为 10，阈值为 3，如图 6-22 所示。

（3）经过处理后的图片（图 6-24）与原始图片（图 6-23）相对比，图像效果更为清晰。

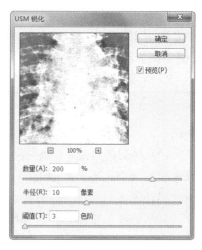

图 6-22　USM 锐化

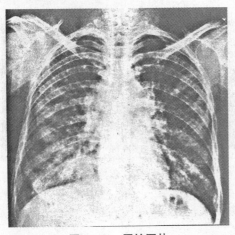

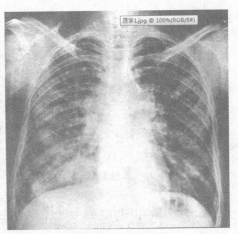

图 6-23　原始图片　　　　　　　　　　图 6-24　锐化处理

（4）将处理好的图片命名为"实验 6_3.jpg"，保存在"实验六"文件夹中。

2. 反相处理

> **说明**
>
> 　　（1）色相。反射自物体或投射自物体的颜色。在 0 度到 360 度的标准色轮上，按位置度量色相。在通常的使用中，色相由颜色名称标识，如红色、橙色或绿色。
>
> 　　（2）反相。色相反转 180 度。例如，红色的色相是 0 度，反相后色相是 180 度（青色）。白色的反相是黑色（但标准色轮上不包含黑白色）。

操作步骤：

（1）在以上锐化的图片基础上，执行"图像"菜单→"调整"→"反相"命令，即可看到如图 6-25 的反相效果。

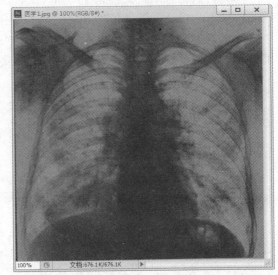

图 6-25　反相处理

（2）将处理好的图片命名为"实验 6_4.jpg"，保存在"实验六"文件夹中。

3. 伪彩色处理

> **说明**
>
> 　　（1）伪彩色图像是指每个像素的颜色不是由每个基色分量的数值直接决定，而是把像素值当做彩色查找表(color look-up table，CLUT)的表项入口地址，去查找一个显示图像时使用的 R，G，B 强度值，用查找出的 R，G，B 强度值产生的彩色称为伪彩色。
>
> 　　（2）伪彩色处理是人眼只能区分 40 多种不同等级的灰度，却能区分几千种不同色度、不同亮度的色彩。伪彩色处理就是把黑白图像的灰度值映射成相应的彩色，适应人

眼对颜色的灵敏度,提高鉴别能力。在处理过程中,应注意人眼对绿光亮度响应最灵敏,可把细小物体映射成绿色。人眼对蓝光的强弱对比灵敏度最大,可把细节丰富的物体映射成深浅与亮度不一的蓝色。

操作步骤:

(1) 在 Photoshop 中打开实验六素材中的"医学 2.jpg",如图 6-26 所示。

(2) 选择工具箱中的"魔术棒"工具,设置容差为 20,单击图片中深色区域。

说明

　　容差是指色彩的相似度,在图像范围的选取时,色彩的容差值越大,它可以将相邻的差不多的颜色看成是相同的颜色来选取,色彩的容差值越小,它对相邻的颜色的相似性要求更苛刻。

(3) 执行"选择"菜单→"选取相似"命令,进一步选择图中所有深色区域。

(4) 由于选择时包含了肺部器官外的背景,因此,需要去除该区域的选择,先单击魔棒选项栏处的【从选区中减去】按钮,再用魔棒工具单击背景即可去除,然后将前景色设置为红色,按下 Alt+Del 组合键用红色对肺部的深色区域进行填充。

(5) 使用相同的方法选择图片中浅色与灰色区域,分别使用绿色与蓝色进行填充,处理后的图片如图 6-27 所示。

(6) 将处理好的图片命名为"实验 6_5.jpg",保存在"实验六"文件夹中。

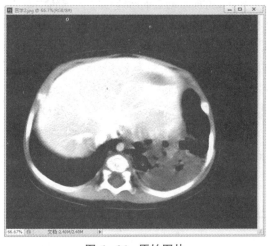

图 6-26　原始图片

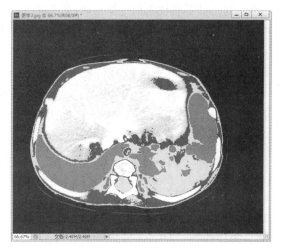

图 6-27　伪彩色处理

任务四　综合练习

自己命题自由创作一幅 Photoshop 医学图像处理作品,将制作好的图片命名为"综合 6_1.jpg",保存在"实验六"文件夹中。

实验七　Flash 动画制作

一、实验目的

1. 掌握 Flash 的基本操作。
2. 掌握时间轴上图层和帧的应用。
3. 掌握简单动画和补间动画的制作。
4. 掌握元件的制作和使用。

二、实验内容与步骤

> **说明**
>
> （1）Flash 是由 Adobe 公司推出的交互式矢量图和 Web 动画软件，用于设计和编辑 Flash 文档。Flash 广泛用于创建吸引人的应用程序，它们包含丰富的视频、声音、图形和动画。随着计算机技术的迅速发展，动画软件的日臻完善，为医学动画制作提供了广阔的空间。
>
> （2）Flash 影片的扩展名为.swf，该类型文件必须有 Flash 播放器才能打开（包括各大浏览器，视频播放器），且播放器的版本需不低于 Flash 程序自带播放器的版本。
>
> （3）Flash 原始文档的扩展名为.fla，只能用对应版本或更高版本的 Flash 打开编辑。
>
> （4）ActionScript 是一种完全面向对象的脚本编程语言，功能强大，类库丰富，语法类似 JavaScript，多用于 Flash 互动性、娱乐性、实用性开发，网页制作和 RIA（因特网应用程序）开发。

任务一　Flash 基本动画制作——补间动画

具体要求如下：

（1）用 Flash 创建一个圆变为矩形的形状补间动画，将处理好的动画命名为"实验 7_1. fla"，保存在"实验七"文件夹中。

（2）用 Flash 创建一个小球跳跃的动作补间动画，将处理好的动画命名为"实验 7_2. fla"，保存在"实验七"文件夹中。

> **说明**
>
> （1）帧是进行 Flash 动画制作的最基本的单位，每一个 Flash 动画都是由很多帧构成的，在时间轴上的每一帧都可以包含需要显示的所有内容，包括图形、声音、各种素材和其他多种对象。

（2）关键帧是有关键内容的帧。用来定义动画变化、更改状态的帧，即编辑舞台上存在实例对象并可对其进行编辑的帧。

（3）逐帧动画是一帧一帧地制作，每一帧都是关键帧，制作比较麻烦。

（4）补间动画是用于创建随时间移动或更改的动画，用户只需创建起始和结束两个关键帧，而中间的帧则由 Flash 通过计算自动生成，可以有效地减小生成文件的大小。

① 形状补间动画。改变一个矢量图形的形状、颜色、位置，或使一个矢量图形变成另一个矢量图形。

② 动作补间动画。改变一个实例、组或文本块的位置、大小和旋转等属性时，或者创建沿路径运动的动画。

1. 使用补间形状动画，显示一个圆变为矩形的过程

操作步骤：

（1）在"开始"菜单→"所有程序"中执行"Flash CS6"命令，显示如图 7 - 1 所示的 Flash CS6 工作界面。工作区域包括以下组件：菜单栏、工具箱、时间轴和属性面板。

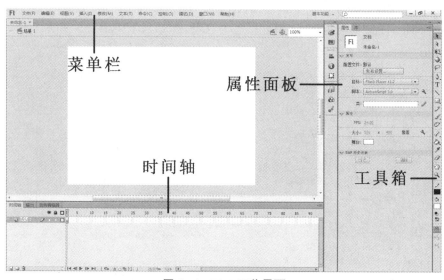

图 7 - 1　Flash 工作界面

（2）打开 Flash 创建一个 ActionScript 3.0 文件。右击舞台，在弹出的快捷菜单中执行"文档属性"命令。在打开的"文档设置"对话框中将舞台尺寸设置为 500×300 像素，背景为白色，帧频为 10，如图 7 - 2 所示。

（3）选中时间轴上图层 1 的第 1 帧，从工具箱中选择"椭圆工具"，设置笔触颜色为黑色，填充颜色为绿色，按 Shift 键，利用鼠标拖曳，在舞台上绘制一个圆圈，如图 7 - 3 和图 7 - 4 所示。

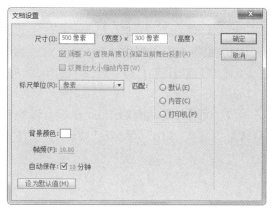

图 7 - 2　文档属性设置

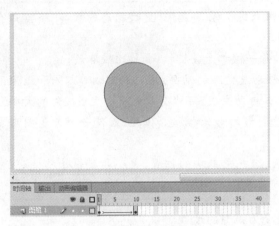

图 7-3 绘制圆圈　　　　　　　　图 7-4 椭圆工具设置

(4) 在时间轴上第 10 帧上右击,在弹出的快捷菜单中执行"插入关键帧"命令或按 F6 键,插入关键帧。

(5) 选中第 10 帧,在工具箱中选择"选择工具",将圆圈全选后将其删除,再从工具箱中选择"矩形工具",设置笔触为黑色,填充颜色为红色,在舞台上绘制一个矩形,如图 7-5 和图 7-6 所示。

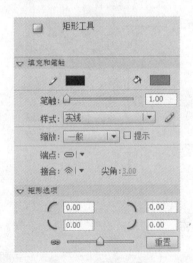

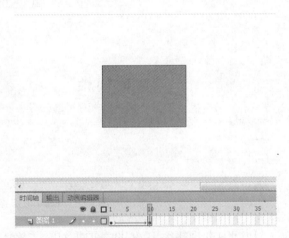

图 7-5 矩形工具　　　　　　　　图 7-6 绘制矩形

(6) 鼠标右击 1 到 10 帧之间任意一帧,在弹出的快捷菜单中执行"创建补间形状"命令,系统将自动计算生成 1 到 10 帧中间的补间形状变化,创建成功之后时间轴出现箭头标志,如图 7-7 所示。

(7) 动画完成后按 Ctrl+Enter 组合键观看补间形状动画的效果。将制作好的动画文件命名为"实验 7_1.fla",保存在"实验七"文件夹中。

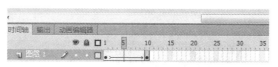

图 7-7 创建补间形状动画

2. 使用补间动作动画,显示一个小球跳动的运动渐变过程

> **说明**
>
> 元件是构成 Flash 动画所有因素中最基本的因素,包括形状、元件、实例、声音、位图、视频、组合等元件。元件具有 3 种形式,即影片剪辑、图形、按钮,元件只需创建一次,然后即可在整个文档或其他文档中重复使用。

操作步骤:

(1) 打开 Flash 创建一个 ActionScript 3.0 文件,双击时间轴上的"图层 1",重命名为"地面"。

(2) 选中"地面"层的第 1 帧,使用"矩形工具"在舞台下部绘制矩形作为地面。选中第 30 帧,按 F6 键插入关键帧。单击图层"地面"上的【锁】按钮,将"地面"层锁定,如图 7-8 所示。

(3) 新建一个图层,命名为"球"。选中图层"球"的第 1 帧,选择工具箱中的"椭圆工具",设置笔触颜色为绿色,设置填充颜色为绿色,在舞台上绘制一个绿色小球。选中小球,执行"修改"菜单→"转换为元件"命令,在打开的对话框中,输入符号名字"小球",并设置符号的行为为"图形"。将小球转换图形元件,如图 7-9 所示。

图 7-8 时间轴设置

图 7-9 转换元件

(4) 选择工具箱中的"选择工具",拖动小球至舞台左侧适当位置,选中"球"层的时间轴第 30 帧,按 F6 键插入一个关键帧。选中第 30 帧,将第 1 帧的小球图片拖动至舞台右侧的适当位置。鼠标右击 1 到 30 帧之间任意一帧,在弹出的快捷菜单中执行"创建传统补间"命令,系统将自动计算生成 1 到 30 帧中间的补间动作变化,创建成功之后时间轴上会出现箭头标志。

（5）在"球"层的第 15 帧的位置按 F6 键插入一个关键帧。选中第 15 帧，按下 Shift 键，将第 15 帧的小球沿垂直方向拖动到贴近地面的位置。

（6）右击小球，在弹出的快捷菜单中执行"任意变形"命令，分别在第 1 帧、第 15 帧和第 30 帧中调整小球的大小，使其由大变小。

（7）制作完成的动画中，小球将落下后弹起，并由大变小，运行界面如图 7-10 所示。

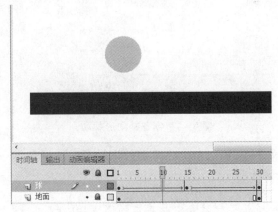

图 7-10　小球的运行变化

（8）在 Flash 中按下 Ctrl+Enter 组合键观看动画效果。完成后将制作好的动画文件命名为"实验 7_2.fla"，保存在"实验七"文件夹中。

任务二　Flash 基本动画制作——轨迹动画

具体要求如下：

（1）用 Flash 创建一个蝴蝶按轨迹翩翩起舞的轨迹动画。

（2）将处理好的动画命名为"实验 7_3.fla"，保存在"实验七"文件夹中。

> **说明**
>
> 　　引导层动画。使运动的对象沿着特定的路径运动，运动的对象可以是实例、组合及文本块，而引导层中的路径必须是矢量图形。

1. 新建图层，导入素材图片到库中

操作步骤：

（1）打开 Flash 新建一个 Actionscript3.0 的文件，执行"文件"菜单→"导入"→"导入到库"命令，将素材"蝴蝶.jpg"导入到库中。

（2）从打开的库中将蝴蝶图片拖入到舞台中。右击蝴蝶，在弹出的快捷菜单中执行"任意变形"命令，将蝴蝶适当缩小。选择工具箱中的"选择工具"将蝴蝶移动到舞台底部适当位置，如图 7-11 所示。

2. 新建运动轨迹

操作步骤：

（1）在蝴蝶所在的"图层 1"上右击，在弹出的快捷菜单中执行"添加传统运动引导层"命令，为"图层 1"添加一个运动引导层，如图 7-12 所示。

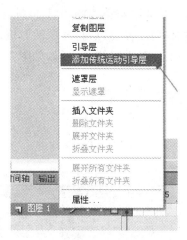

图 7-11　调整蝴蝶大小和位置　　　　**图 7-12　添加引导层**

（2）选择工具箱中的"铅笔工具"，在舞台中绘制一条弯曲的由下到上的曲线作为引导线，如图 7-13 所示。

（3）选中引导层的第 20 帧，按 F5 键插入帧，并在蝴蝶所在"图层 1"的第 20 帧按 F6 键插入关键帧。

（4）右击"图层 1"中的 1 到 20 帧之间的任意一帧，在弹出的快捷菜单中执行"创建传统补间"命令，系统将自动计算生成 1 到 20 帧中间的补间动作变化，创建成功之后时间轴出现箭头标志，如图 7-14 所示。

（5）选中"图层 1"第 1 帧上的蝴蝶图片，然后打开工具箱的吸附工具，将蝴蝶吸附到引导线起点位置。选中第 20 帧上的蝴蝶图片，然后将蝴蝶吸附到引导线的终点位置，然后按下 Ctrl+Enter 组合键测试。

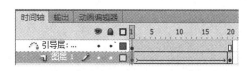

图 7-13　绘制引导线　　　　**图 7-14　插入帧和关键帧**

3. 调整运动轨迹和速度

操作步骤：

（1）测试发现动画执行速度过快，原因：一是帧频过快，二是动画帧数太少。解决办法：可以将播放头移动到第 10 帧处，然后按住 F5 键不放，这样可以插入多个帧，直到动画的速度满意为止，如图 7-15 所示。

（2）测试还发现，动画一直是头朝上的，而不是随着线条改变方向，显得比较死板。解决办法:首先要将第 1 帧和第 20 帧的蝴蝶使用变形工具旋转到与线条一致的方向,选中补间中的任意 1 帧,然后打开属性面板,选中"调整到路径"选项,这时再重新测试,可以看到蝴蝶可以完全按路径进行飞行,如图 7 - 16 所示。

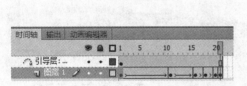

图 7 - 15　调整动画速度　　　　　　　　图 7 - 16　调整路径设置

(3) 完成后将制作好的动画文件命名为"实验 7_3.fla",保存在"实验七"文件夹中。

任务三　Flash 医学动画制作

具体要求如下:

(1) 用 Flash 来实现一个简单的医学动画片段——vWF 因子的变化。

(2) 完成后将制作好的动画文件命名为"实验 7_4.fla",保存在"实验七"文件夹中。

1. 新建图层和元件

操作步骤:

(1) 打开 Flash 新建一个 Actionscript3.0 的文件,保持文档属性的默认设置。

(2) 选中图层 1 的第 1 帧,选择工具箱中的"椭圆工具",设置笔触颜色为黑色,填充颜色为青色,在舞台中绘制一个圆球。选择"文本工具",在球体上绘制一个文本框,在舞台右侧的文本属性中选择字号为 30,文本填充颜色为蓝色,输入"vWF",再利用"选择工具"适当调整文本的位置,如图 7 - 17 所示。执行"视图"菜单→"隐藏边缘"命令,将文本框边缘隐藏。选中整个球体,执行"修改"菜单→"转换为元件"命令,将球与文字转换成一个图形元件"元件 1",如图 7 - 18 所示。

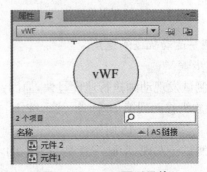

图 7 - 17　文本设置　　　　　　　　　图 7 - 18　vWF 图形元件

（3）选中第 30 帧，按 F6 键插入关键帧。单击图层 1 的【锁】按钮，将图层 1 锁定。新建图层 2，选中图层 2 第 1 帧，选择工具箱中的"椭圆工具"，设置笔触颜色为黑色，设置填充颜色为绿色，在场景上绘制一个绿色小球。然后选择"矩形工具"，设置无笔触颜色，设置填充颜色为蓝色，在场景上绘制三个小矩形条。用"选择工具"选中下方的矩形，执行"修改"菜单→"变形"→"旋转与倾斜"命令，分别将两个矩形条向中间倾斜，然后移动调整矩形条的位置，如图 7-18 所示。将小球和三个矩形条全部选中，执行"修改"菜单→"转换为元件"命令，将小球与矩形条转换成一个图形元件"元件 2"，如图 7-19 所示。

（4）复制一个"元件 2"，将两个"元件 2"分别拖放到 vWF 因子的左下角和右上角，并旋转至相应位置，如图 7-20 所示。

图 7-19　元件 2

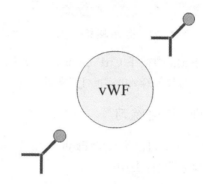

图 7-20　创建抗原抗体

2. 制作因子移动的渐进效果

操作步骤：

（1）分别在"图层 2"的第 5 帧、第 10 帧、第 15 帧、第 20 帧、第 25 帧和第 30 帧添加关键帧，并设置因子移动的渐进效果，如图 7-21～图 7-24 所示。

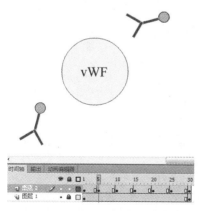

图 7-21　第 5 帧渐进效果

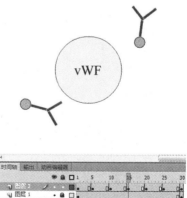

图 7-22　第 15 帧渐进效果

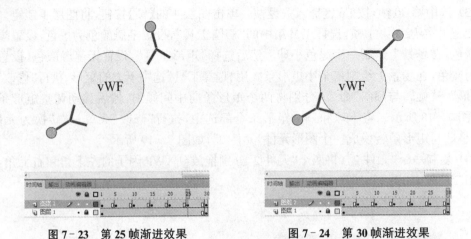

<table>
<tr><td>图 7－23　第 25 帧渐进效果</td><td>图 7－24　第 30 帧渐进效果</td></tr>
</table>

（2）在 Flash 中按下 Ctrl+Enter 组合键观看动画效果。完成后将制作好的动画文件命名为"实验 7_4.fla"，保存在"实验七"文件夹中。

任务四　综合练习

制作一个介绍自己学校的 Flash 动画，完成后将制作好的动画文件命名为"综合 7_1.fla"，保存在"实验七"文件夹中。

实验八 Access 2010 数据库

一、实验目的

1. 了解 Access 数据库软件的基本功能。
2. 掌握 Access 数据库中表的创建及表的相关设置。
3. 掌握 Access 数据库中表数据的基本操作。
4. 掌握 Access 中数据查询的方法。

二、实验内容与步骤

说明

（1）数据库：Access 数据库是用来存放数据的一个文件。在 Access2010 中，默认的数据库格式为"Microsoft Access 2007 数据库"，默认扩展名是.accdb。一个 Access 数据库由数据表、查询、窗体、报表、宏等组成。本实验只介绍数据表和查询。

（2）数据表：又称关系表，简称表，由行和列组成，行称为记录，列称为字段。数据表可以有多个，把数据按照一定的逻辑关系保存在不同的数据表中。创建数据表的步骤是先创建表结构，然后设定表之间关系，最后是输入数据，对数据进行存取和处理。

（3）字段：字段是记录的一个数据项，有类型和长度等约束。

（4）查询：Access 中查询实际上是一个命令，可用来查看、添加、更改或删除数据库中的数据。

任务一 创建数据库

具体要求如下：

（1）根据"成绩管理"数据库数据表的结构，创建文件名为"成绩管理"的数据库，该数据库文件保存在"实验八"文件夹中。

（2）设置各表之间的参照完整性。

1. 创建"成绩管理"数据库中的"学生表"

操作步骤：

（1）启动 Access 2010 数据库软件，如图 8-1 所示。

（2）选择"空数据库"模板，在界面的右侧"文件名"输入处单击右边的文件夹图标，出现如图 8-2 所示"文件新建数据库"对话框。文件名命名为"成绩管理"，文件类型为"Microsoft Access 2007 数据库"，保存至"实验八"文件夹中。单击【确定】按钮，回到图 8-1

图 8-1　Access 2010 启动界面

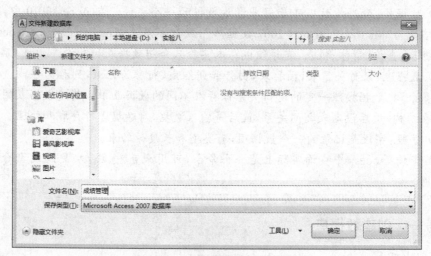

图 8-2　创建数据库文件对话框

所示的启动界面。

(3) 单击图 8-1 启动界面中右下角的"创建"图标,进入 Access 2010 数据库的界面,在该界面中首先看到的是一个表创建视图,默认的数据表名为"表 1",如图 8-3 所示。

(4) 单击"开始"选项卡→"视图"选项组→【视图】工具按钮,在下拉列表中执行"设计视图"命令,如图 8-4 所示。弹出如图 8-5 所示"另存为"对话框,输入表名称"学生表",单击【确定】按钮,进入"学生表"的设计视图,如图 8-6 所示。

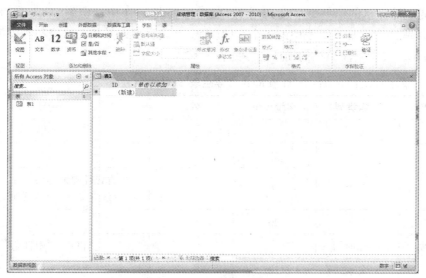

图 8-3 空数据库的创建表

图 8-4 转换设计视图

图 8-5 保存数据表对话框

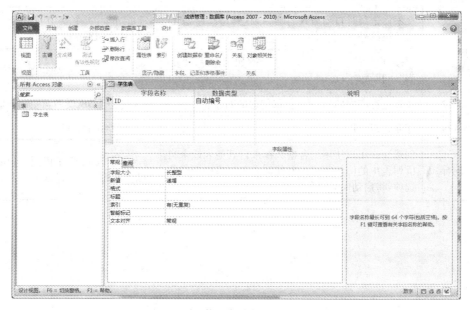

图 8-6 学生表的初始设计视图

（5）先删除默认的第一个字段 ID 字段，然后根据表 8-1 中给定的"学生表"的表结构，分别在设计视图中添加数据表中的各个字段，设定字段类型以及相关格式和约束等内容，如图 8-7 所示。关于字段类型的描述请参见表 8-2。

表 8-1 "学生表"表结构

字段名称	数据类型	字段大小	必需	说明
学号	文本	8	是	主键
姓名	文本	30		
性别	文本	2		有效性规则：="男" OR ="女" 有效性文本："性别必须男或女"
院系	文本	20		
出生日期	日期/时间			格式为"中日期"
籍贯	文本	20		

表 8-2 Access 字段数据类型

数据类型	说明	大小
文本	文本或文本与数字的组合	最多 255 个字符
备注	长文本及数字，例如备注或说明	最多 64 000 个字符
数字	可用来进行算术计算的数字数据。设置"字段大小"属性定义一个特定的数字类型	1、2、4 或 8 个字节
日期/时间	日期和时间	8 个字节
货币	货币值。使用货币数据类型可以避免计算时四舍五入。精确到小数点左方 15 位数及右方 4 位数	8 个字节
自动编号	在添加记录时自动插入的唯一顺序（每次递增 1）或随机编号	4 个字节。16 个字节仅用于"同步复制 ID"(GUID)
是/否	字段只包含两个值中的一个。例如，"是/否""真/假"，"开/关"	1 位
OLE 对象	在其他程序中使用 OLE 协议创建的对象	最大可为 1 GB(受磁盘空间限制)
超级链接	存储超级链接的字段	最多 64 000 个字符
查阅向导	创建允许用户使用组合框选择来自其他表或来自值列表中的值的字段。在数据类型列表中选择此选项，将启动向导进行定义	与主键字段的长度相同，且该字段也是"查阅"字段；通常为 4 个字节

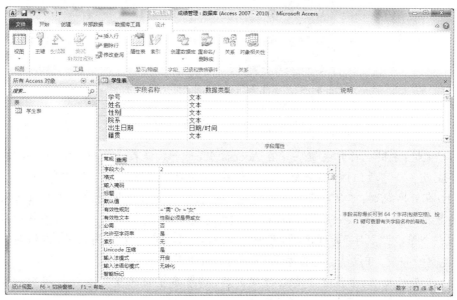

图 8‑7　"学生表"的设计

（6）设置学号字段为主键。在"学生表"的设计视图中，首先选择"学号"字段，然后单击"设计"选项卡→"工具"选项组→【主键】工具按钮。则在"学号"字段前出现一个钥匙形状的图标，表示主键设置成功。此时"学号"字段的索引属性改变为"有（无重复）"，如图 8‑8 所示。

图 8‑8　设置学号为"学生表"的主关键字

（7）关闭"学生表"设计视图。单击"学生表"设计视图窗口中的"×"关闭按钮，出现询问是否保存修改的提示对话框，如图 8‑9 所示，选择保存即单击【是】按钮后，就关闭了"学生表"设计视图，表示"学生表"结构的设计已结束。

图 8-9 "学生表"设计视图关闭时的提示

说明

（1）主键：主键也称作关键字。在 Access 中，一个数据表一般都设定一个关键字，由一个字段或多个字段组成，用来标识一行记录，关键字的字段一般不能重复。

（2）有效性规则：可以防止非法数据输入到表中。有效性规则的形式及设置目的随字段的数据类型不同而不同。例如，对"文本"类型字段，可以设置输入的字符个数不能超过某一个值；对"数字"类型字段，可以让 Access 只接收一定范围内的数据；对"日期/时间"类型的字段，可以将数值限制在一定的月份或年份以内。

（3）有效性文本：当设置了有效性规则后，如果希望当违反了有效性规则后能给出提示，就可在该属性设置相应的提示文本。

---

2. 在"成绩管理"数据库中创建"课程表""教师表"以及"成绩表"

操作步骤：

（1）打开"成绩管理"数据库后，单击"创建"选项卡→"表格"选项组→【表设计】工具按钮，重新进入默认数据表名为"表 1"的设计视图，如图 8-10 所示。

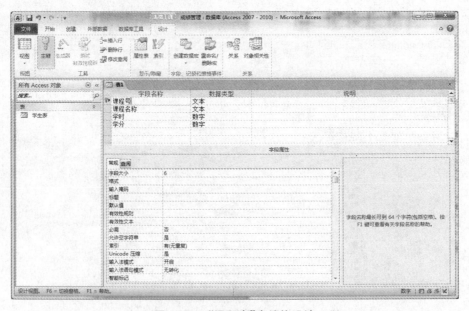

图 8-10 "课程表"表结构设计

（2）按照表 8-3"课程表"的表结构，依次输入各个字段，设置各字段的数据类型，长度以及其他字段属性要求。具体操作参见前面"学生表"的创建过程。

表 8-3　"课程表"表结构

字段名称	数据类型	字段大小	必需	说明
课程号	文本	6	是	主键
课程名称	文本	30		
学时	数字	整型		默认值:34
学分	数字	单精度		默认值:2

（3）同样的操作步骤,按照表 8-4、表 8-5 完成"教师表""成绩表"的表结构创建。

表 8-4　"教师表"表结构

字段名称	数据类型	字段大小	必需	说明
工号	文本	5	是	主键
姓名	文本	30		
性别	文本	2		
院系	文本	20		
婚否	是/否			格式为"真/假"
出生日期	日期/时间			格式为"中日期"

表 8-5　"成绩表"表结构

字段名称	数据类型	字段大小	必需	说明
学号	文本	8	是	主键
课程号	文本	6	是	主键
工号	文本	5	是	主键
成绩	数字	整型		有效性规则:>=0 And <=100 有效性文本:成绩在 0~100 分之间

注意

在成绩表的创建过程中,该表中关键字由"学号""课程号"以及"工号"3 个字段组成,因此,在设置关键字时,必须同时选择这三个字段,然后选择【主键】按钮,保证每个字段前都有一个钥匙图标,如图 8-11 所示。

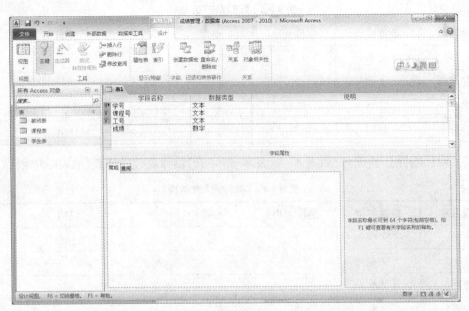

图 8-11 "成绩表"表结构中三个字段构成关键字

3. 参照完整性设置

操作步骤：

（1）单击"表格工具设计"选项卡或者"数据库工具"选项卡→"关系"选项组→【关系】工具按钮。出现如图 8-12 所示的"显示表"对话框。

图 8-12 "显示表"对话框

（2）在"显示表"对话框中,依次把已创建好的表添加到关系设计视图界面中,可以使用鼠标拖动各个表,调整各个表在关系设计视图中的位置,如图 8-13 所示。

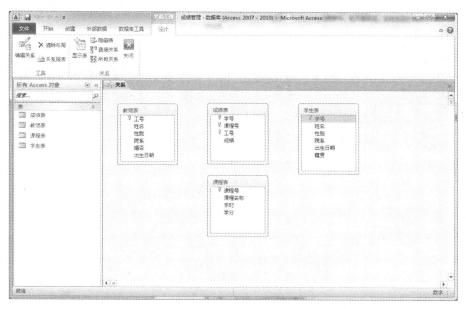

图 8‑13　添加了四张表的关系设计视图

（3）选择"学生表"中的"学号"字段，然后拖动到成绩表中，松开鼠标后，出现如图 8‑14 所示的"编辑关系"对话框，勾选"实施参照完整性"复选框，单击【创建】按钮，此时表示"学生表"和"成绩表"之间以"学号"字段建立了参照完整性，并且关系类型为一对多。

图 8‑14　编辑关系对话框

（4）同样的方法建立"课程表"与"成绩表"之间以"课程号"为关联的参照完整性，"教师表"与"成绩表"之间以"工号"字段为关联的参照完整性，最后关系的情况如图 8‑15 所示。

（5）关闭"关系"设计视图，提示保存后，就表示关系创建成功。

（6）请关闭 Access2010，此时，一个空的数据库中各个表的结构创建结束。

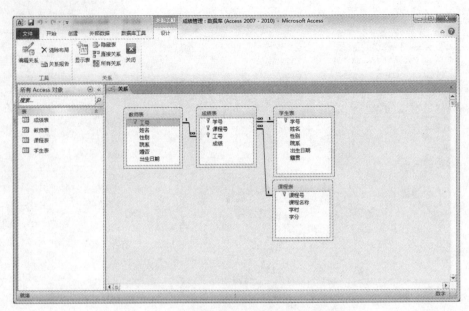

图 8 - 15　成绩管理数据库中各表之间关系图

说明

　　参照完整性：是两张表之间的一种关系约束，比如在成绩表中的学号必须是学生表中存在的学号，否则会出现成绩表中的学号无法对应是哪位学生等类似的问题，也就违反了数据库的参照完整性。

任务二　数据库结构修改

具体要求如下：

（1）在创建的"成绩管理"数据库中，增加一张名为"班级表"的数据表，表的结构如表 8 - 6。

（2）在数据库"学生表"中增加一个字段"班号"，数据类型为文本类型，长度为 6。

（3）建立学生表和班级表之间的参照完整性。

1. 数据库的打开

Access 数据库文件的打开与其他 Office 文件的打开方法基本相同，可以有多种方式打开已存在的数据库文件，这里只介绍一种常见方法。

操作步骤：

（1）打开存放已创建好的"成绩管理"数据库文件的文件夹。

（2）直接双击该"成绩管理"数据库文件图标，则启动 Access 2010 软件，该数据库文件也同时打开。

2. 创建"班级表"

按照任务一的方法，在该数据库中再创建一张名为"班级表"的数据表。表结构参照表 8 - 6。

表 8-6 "班级表"表结构

字段名称	数据类型	字段大小	必需	说明
班号	文本	6	是	主键
专业名称	文本	30		
学制	数字	整型		默认值:4

3. 修改"学生表"表结构

操作步骤:

(1) 在"Access"导航窗格中,选择表或全部对象,保证能看到"学生表"对象在导航窗格中出现。

(2) 选择"学生表",右击鼠标,在快捷菜单中执行"设计视图"命令,重新进入"学生表"的设计界面。

(3) 字段列表的最后一行,输入"班号"字段,字段类型为文字,长度为 6,与"班级表"中的"班号"字段一致。

(4) 关闭"学生表"设计视图,"学生表"表结构修改完成。

4. 修改表之间关系

操作步骤:

(1) 单击"数据库工具"选项卡→"关系"选项组→【关系】工具按钮,重新打开关系设计视图界面。

(2) 选择此界面的空白处,右击鼠标,在快捷菜单中执行"显示表"命令,把刚刚建立的"班级表"添加到关系设计视图。

(3) 按前面的方法建立"学生表"和"班级表"之间的参照完整性关系,如图 8-16 所示。

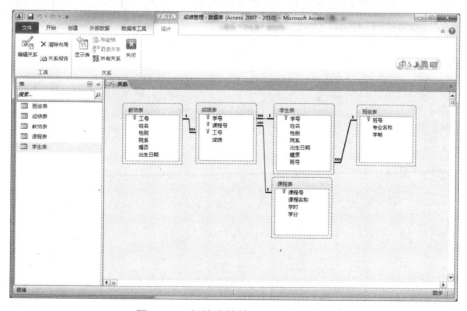

图 8-16 新的成绩管理数据库关系图

任务三　数据记录的增加以及约束规则的验证

具体要求如下：

（1）根据实验八素材文件夹中提供的数据分别为班级表、学生表、教师表、课程表和成绩表输入相关数据。

（2）对数据库表中的数据进行编辑修改。

（3）向数据库表中试图添加一些不合法数据，分别验证数据库的实体完整性、参照完整性以及用户自定完整性的验证。

1．输入原始数据

输入原始数据的方法有很多，既可以手动依次输入，也可以通过其他文件，如 Excel 文件导入，还可以从与数据库结构相同的数据表中直接复制粘贴完成。

操作步骤：

（1）打开实验八素材文件夹中的文件"Access 数据库中数据.docx"，选中表 8-7 班级表中的数据，注意不要选择表格的标题行，按下 Ctrl+C 组合键进行复制，把数据复制到剪贴板中。

表 8-7　班级表中的数据

班号	专业名称	学制
104001	药学	4
104002	药学	4
104032	生物工程	4
104086	工商管理	4

（2）打开"成绩管理"数据库文件，在数据库对象面板中，双击打开"班级表"，此时表中内容是空的，如图 8-17 所示。

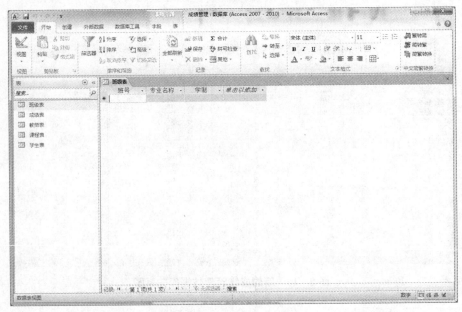

图 8-17　打开空的班级表

（3）单击行记录的最左边"*"号,选中空的班级表记录行的首行,然后按下 Ctrl+V 组合键进行粘贴,提示粘贴行数后,单击【确定】按钮,数据成功复制到班级表中,如图 8-18 所示。

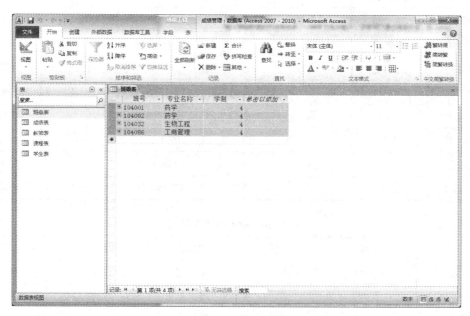

图 8-18 复制成果数据后的班级表

（4）依次把文件"Access 数据库中数据.docx"中的表 8-8 为课程表,表 8-9 为学生表,表 8-10 为教师表以及表 8-11 为成绩表中的数据复制到已创建的空表中。

表 8-8 课程表中的数据

课程号	课程名称	学时	学分
100001	计算机基础	68	2
200001	药学概论	32	2
200002	生理学	32	2
100002	大学英语	96	5
100003	高等数学	84	4.5

表 8-9 学生表中的数据

学号	姓名	性别	院系	出生日期	籍贯	班号
10400101	王小刚	男	药学院	1988/9/23	江苏	104001
10400102	李枫兰	女	药学院	1987/9/12	浙江	104001
10400103	张军	男	药学院	1986/3/19	江苏	104001
10400104	柳宝宝	女	药学院	1987/2/13	浙江	104001
10400201	高大山	男	药学院	1985/3/3	江苏	104002

(续表)

学号	姓名	性别	院系	出生日期	籍贯	班号
10400202	陆海涛	男	药学院	1985/12/29	浙江	104002
10403201	林子涵	男	生命科学院	1988/9/23	上海	104032
10403202	朱贝贝	男	生命科学院	1987/9/12	安徽	104032
10403203	高小平	男	生命科学院	1986/3/19	江西	104032
10403204	李一玲	女	生命科学院	1987/2/13	福建	104032
10403205	刘涛	男	生命科学院	1985/3/3	江苏	104032
10408601	吴君如	女	商学院	1985/12/29	浙江	104086
10408602	武林	男	商学院	1986/3/19	江苏	104086
10408603	张军	男	商学院	1986/3/19	天津	104086

表 8-10 教师表中的数据

工号	姓名	性别	院系	婚否	出生日期
A0001	王少刚	男	理学院	True	68-09-04
A0002	李华	女	理学院	True	62-04-04
A0004	王思思	女	理学院	False	86-11-01
A0005	刘亚洲	男	理学院	True	72-09-04
B0001	范冰冰	女	外语系	True	75-05-02
C0001	高圆圆	女	药学院	True	50-04-06
C0002	赵子龙	男	药学院	False	87-06-02
C0003	林森	男	药学院	True	56-09-02

表 8-11 成绩表中的数据

学号	课程号	工号	成绩
10400101	100001	A0001	82
10400101	100002	B0001	78
10400101	100003	C0001	95
10400101	200001	A0002	87
10400102	100001	A0001	78
10400102	100002	B0001	53
10400102	100003	C0001	55
10400102	200001	A0002	89
10400103	100001	A0001	57
10400103	100002	B0001	80

（续表）

学号	课程号	工号	成绩
10400103	100003	C0001	80
10400104	100002	B0001	76
10400104	100003	C0001	87
10400104	200001	A0002	90
10400201	100001	A0001	69
10400201	100003	C0001	70
10400201	200001	A0002	70
10400202	100001	A0001	82
10400202	100002	B0001	56
10400202	200001	A0002	65
10403201	200001	A0002	90
10403202	100001	A0001	92
10403202	200001	A0002	40
10403203	100001	A0001	72
10403203	200001	A0002	76
10403204	100001	A0001	82
10403204	200001	A0002	27
10403205	100001	A0001	96
10403205	200001	A0002	30
10408601	100001	A0001	92
10408601	200001	A0002	56
10408602	100001	A0001	46
10403201	100001	A0001	62
10408602	100002	B0001	66

注意

　　由于数据库中各个表建立了参照完整性关系，以上复制数据的相关操作，请注意复制各个表数据的次序。同时还要注意表格记录数据各字段与数据库表结构字段的对应次序是否一致，否则复制可能会不成功。

2. 数据库完整性约束验证

　　在数据库中，输入的数据必须符合数据库有关约束，如果输入不合法的数据，或矛盾的数据，数据库将拒绝接受。

请向数据库表中输入以下数据,观察数据库软件的反应,分析其原因。

操作步骤:

(1)打开"学生表",把"张军"的性别改为"南",离开该字段;观察现象。

(2)向学生表中增加一个记录:"10403204","张三","男","商学院","1994-2-1","四川","104032";观察现象。

(3)打开成绩表,修改任意一条记录,将成绩改为102;观察现象。

(4)向成绩表中增加一条记录:"10403208","C0001","A00001",89;观察现象。

任务四 数据库数据的查询

具体要求如下:

(1)使用查询设计器查询所有籍贯为"江苏"的学生的学号、姓名和性别。

(2)使用查询设计器查询从多张表中查询"不及格学生的名单",包括学号、姓名、课程名称和成绩。

(3)查询数据库"教师表"中男教师与女教师的人数。

(4)查询各个班级"计算机基础"课程的最高分、最低分以及平均分。

1. 使用查询设计器查询所有籍贯为江苏的学生的学号、姓名和性别。

操作步骤:

(1)打开"成绩管理"数据库,在软件界面的左侧导航窗格中,选择显示所有的 Access 对象。

(2)单击"创建"选项卡→"查询"选项组→【查询设计】工具按钮。进入"查询设计器"界面,此时,同时出现"显示表"对话框,把"学生表"添加到查询设计器中。

(3)在字段行中依次选择"学号""姓名""性别"和"籍贯"4个字段。

(4)在"条件"行中的"籍贯"一列中输入查询条件:="江苏",如图8-19所示。

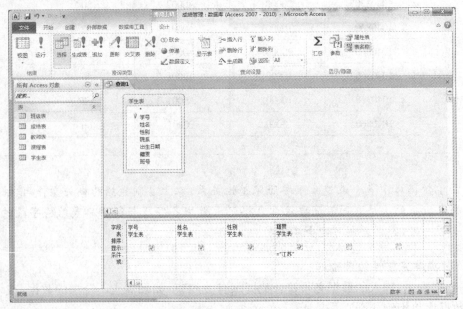

图8-19 查询籍贯为江苏的学生名单查询设计界面

（5）单击"设计"选项卡→"结果"选项组→【运行】工具按钮，观察查询结果，如图 8 - 20 所示。如果结果正确，直接关闭该查询，提示是否保存，请保存查询名为"江苏籍学生名单"。如果查询结果不正确，可以单击"开始"选项卡→"视图"选项组→【视图】工具按钮，在下拉列表中执行"设计视图"命令，重新回到查询设计视图中修改设计。

江苏籍学生名单			
学号	姓名	性别	籍贯
10400101	王小刚	男	江苏
10400103	张军	男	江苏
10400201	高大山	男	江苏
10403205	刘涛	男	江苏
10408602	武林	男	江苏

图 8 - 20　江苏籍学生查询结果

（6）保存好的查询，双击其查询名称，即可运行该查询。

2. 使用查询设计器查询从多张表中查询"不及格学生的名单"，包括学号、姓名、课程名称和成绩

操作步骤：

（1）进入"查询设计视图"，在"显示表"对话框中，向设计视图中添加"学生表"，"课程表"以及"成绩表"。可以移动各表的位置，便于观察数据。

（2）依次选择需要查询的各表中的字段。

（3）在"条件"行中的"成绩"列中，输入条件"< 60"。

（4）设置先按"课程名"降序排列，然后按"成绩"降序排列，如图 8 - 21 所示。

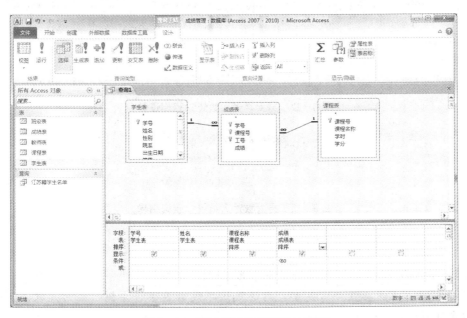

图 8 - 21　不及格学生查询设计界面

（5）运行该查询，结果符合要求后保存为"不及格学生名单"。

3. 利用分组查询方法查询数据库教师表中，男教师与女教师的人数

操作步骤：

（1）进入"查询设计视图"，在"显示表"对话框中，向设计视图中添加"教师表"。

（2）在字段选择中，首先选择"性别"字段。

（3）单击"设计"选项卡→"显示/隐藏"选项组→【汇总】工具按钮，则在设计视图的字段选择处，出现一行"总计""学号"列默认是"Group By"，即为分组项。

（4）选择第二个字段"工号"，在"工号"前加上"人数:"。在总计行中选择"计数"，如图8-22所示。

（5）关闭该查询，提示保存时，查询保存名为"男女教师人数统计"。

（6）双击该查询，可以看到统计的结果，如图8-23所示。

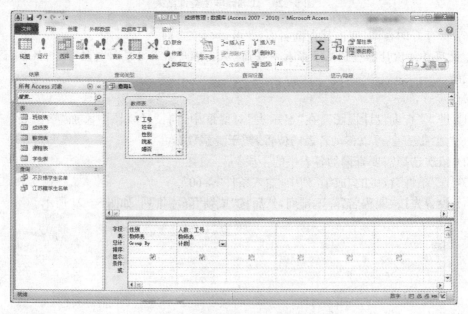

图8-22　男女教师人数统计查询设计

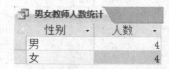

图8-23　男女教师人数统计查询结果

说明

（1）可以在查询中对字段名进行重命名，以便更准确地描述字段中的数据。

（2）将插入点光标置于需要重命名的默认字段名首字符左侧。在西文状态下输入冒号，再在冒号前面键入新名称。

---

4. 查询各个班级"计算机基础"课程的最高分，最低分以及平均分

操作步骤：

（1）进入"查询设计视图"，在"显示表"对话框中，向设计视图中添加"学生表"，"课程表"以及"成绩表"，可以移动各表的位置，便于观察数据。

（2）在字段选择中，首列选择字段为学生表的"班号"，单击"设计"选项卡→"显示/隐藏"选项组→【汇总】工具按钮，则在设计视图的字段选择处，出现一行"总计"，"班号"列默认是"Group By"，即为分组项。

（3）随后三个字段列选择的都是成绩表中的"成绩"字段，在"总计"行中，依次选择的是最大值、最小值和平均值，在成绩字段前依次加上"最高分:""最低分:"和"平均分:"。

（4）最后一列选择的字段是课程表中的"课程名称"字段，在"总计"行中，选择的是"Where"，在条件行中，输入:= "计算机基础"，如图 8-24 所示。

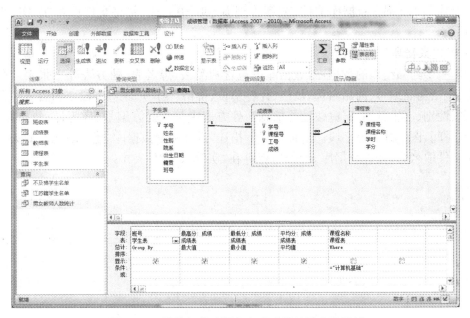

图 8-24　计算机基础课程各班成绩统计查询设计

（5）保存该查询名为"计算机基础课程各班成绩统计"，并运行结果如图 8-25 所示。

计算机基础课程各班成绩统计			
班号	最高分	最低分	平均分
104001	82	57	72.3333333333333
104002	82	69	75.5
104032	96	62	80.8
104086	92	46	69

图 8-25　计算机基础课程各班成绩统计查询结果

任务五　综合练习

1. 数据库结构的修改和数据表的创建

（1）修改课程表结构，增加一个"开课院系"字段，字段类型和长度与学生表中的"院系字段"相同。

（2）为了便于学生能从网上查询自己的成绩，需要在数据库中建立一个学生登录表，表中包括学号,登录密码和电子邮件三个字段。规定每个学生只能用学号登录,登录密码长度为6,默认值为"123456"。请设计这个表的结构,并建立学生登录表与学生表之间的参照关系。

2. 建立查询

(1) 建立一个查询,统计各学生所有参加课程考试的成绩平均分,显示内容是学号,姓名,平均成绩,查询取名为"学生成绩统计"。

(2) 建立查询,查询各个班级的人数,查询取名为"班级人数统计"。

(3) 建立查询,查询院系为理学院的所有未婚教师的工号、姓名、出生日期、查询名取名为"理学院未婚教师名单"。

以上练习1、2都在数据库文件"成绩管理.accdb"中完成,并将文件保存在"实验八"文件夹中。

3. 创建数据库

创建一个药品销售的数据库,数据库中包含药品表、患者表、处方表等三张表。存放药品信息、包括药品编号、药品名称、规格、计件单位、价格、生产厂家等字段。患者表包含病历号、姓名、性别、出生日期、家庭住址等信息。处方表中包含处方编号、病历号、药品编号、数量、处方时间、医生姓名等字段。请根据以上描述,设计一个数据库,建立表之间的关系。该数据库文件取名为"处方数据库.accdb",保存在"实验八"文件夹中。

实验九　MATLAB 应用基础

一、实验目的

1. 熟悉 MATLAB 的集成开发环境。
2. 了解 MATLAB 命令的书写规则。
3. 掌握绘制图形的常用函数。
4. 掌握建立和执行 M 文件的方法。
5. 了解数据统计和分析的方法。

二、实验内容与步骤

> **说明**
>
> 　（1）MATLAB（MATtrix LABoratory，矩阵实验室）是 MathWorks 公司开发的科学与工程计算软件，以矩阵计算为基础，把计算、绘图及动态系统仿真等功能融合在一起，现已成为国际上科技与工程应用领域最具影响力的科学计算软件。本书以 MATLAB 2010a 版为基础。
>
> 　（2）MATLAB 集成开发环境包括多个窗口，除了 MATLAB 主窗口外，还有命令窗口（Command Window）、工作空间（Workspace）窗口、命令历史（Command History）窗口和当前目录（Current Folder）窗口。这些窗口可以内嵌在 MATLAB 主窗口中，也可以单击窗口右上角的按钮 ⤢ 浮动出 MATLAB 主窗口，如图 9-1 所示。
>
> 　（3）主窗口中的开始（【Start】）按钮提供了快速访问 MATLAB 的各种工具和查阅MATLAB 包含的各种资源的命令菜单。

任务一　初识 MATLAB

具体要求如下：
（1）掌握命令窗口的使用。
（2）熟悉工作空间窗口的使用。
（3）熟悉命令历史窗口的使用。
（4）熟悉当前目录窗口的使用。

1. 命令窗口的使用

说明

（1）命令窗口（Command Window）：是 MATLAB 的主要交互窗口，用于输入命令并显示除图形以外的所有执行结果。

（2）命令输入与执行：在命令提示符"≫"之后直接输入命令，按 Enter 键即可执行命令。

（3）百分比符号(％)：％之后的文字均视为注释，用以解释说明前面的命令，方便自己他人更好的阅读，命令运行时 MATLAB 会直接忽略注释文字，因此不会影响系统的运算结果。

（4）在 MATLAB 里，有很多的控制键和方向键可用于命令行的编辑。常用的有

① ↑：重新调入上一命令行

② ↓：重新调入下一命令行

③ ←：光标左移一个字符

④ →：光标右移一个字符

⑤ Esc：清除命令行

操作步骤：

（1）启动 MATLAB 2010，工作界面如图 9-1 所示。

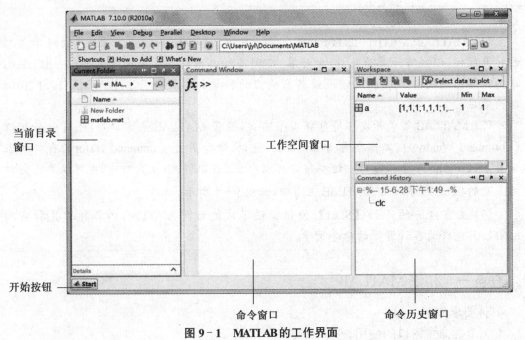

图 9-1 **MATLAB 的工作界面**

（2）创建一个 3×2 的矩阵 *A*，在"命令窗口"中键入命令：

≫A=[1 3;2 4;5 7]

键入命令后按 Enter 键，MATLAB 的"命令窗口"中会返回矩阵 *A* 的值：

A=

    1   3

    2   4

$$\begin{matrix} 5 & 7 \end{matrix}$$

（3）在"命令窗口"中键入下面命令,观察运行结果。

>>p=15,m=35

>>p=15;m=35

>>A=magic(100);　　　%*A* 是 100 阶魔方矩阵,magic 函数参见表 9－3

注意

（1）一般来说,一个命令行输入一条命令,命令行以 Enter 键结束。但一个命令行也可以输入若干条命令,各命令之间以逗号分隔,若前一命令后带有分号,则逗号可以省略。

（2）如果一个命令行长度很长,一个物理行之内写不下,可以在第一个物理行末尾加上一个空格和三个英文句号(即续行符),再加一个逗号结尾,并按下 Enter 键,然后接着下一个物理行继续写命令的其他部分。续行符,即把下面的物理行看作该行的逻辑继续。

（3）在语句末尾添加分号(;),可以防止输出结果显示到屏幕上。在创建大矩阵时很有用,如上面的 A=magic(100);

2. 工作空间窗口的使用

说明

工作空间窗口(Workspace):是 MATLAB 用于存储各种变量和结果的内存空间。可以显示每个变量的名称、值、数组大小、字节大小和类型。

操作步骤:

（1）输入以下命令,创建 *t* 和 *y* 两个变量,观察"工作空间窗口"的变化情况。如图 9－2 所示,"工作空间窗口"中会包括这两个变量 *t* 和 *y*,每个变量有 17 个元素。

>>clear all　　　　　　　%清除工作空间中的所有变量

>>t=0:pi/8:2* pi;

>>y=sin(t);

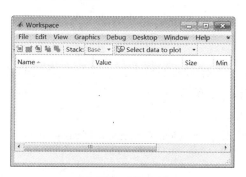
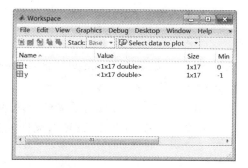

（a）清空工作空间　　　　　　　　　　（b）包括 t 和 y 的工作空间

图 9－2　工作空间窗口

（2）使用 who 和 whos 函数观察变量 *t* 和 *y* 的相关信息。

> **说明**
> （1）who 函数：用以列出当前"工作空间窗口"中的所有变量。
> （2）whos 函数：用以列出所有变量的名称和它们的大小及类型等信息。

① 在"命令窗口"键入命令：
>>who
在命令执行后，"命令窗口"将显示以下结果：
Your variables are:
t y

② 在"命令窗口"键入命令：
>>whos
在命令执行后，"命令窗口"将显示以下结果：

Name	Size	Bytes	Class
t	1x17	136	double array
y	1x17	136	double array

Grand total is 34 elements using 272 bytes

> **注意**
> （1）退出 MATLAB 时，"工作空间窗口"中的内容会随之清除。可以将当前"工作空间窗口"中的部分或全部变量保存到一个 MAT 文件中，MAT 文件是一种二进制文件，扩展名为.mat，这样在以后使用时载入即可。
> ① 按照执行"File"菜单→"Save workspace as"命令可以保存所有变量。
> ② 如果在"工作空间窗口"中选择部分变量，右击在快捷菜单中执行"Save As"命令可以保存部分变量。
> （2）若将已存储的变量载入"工作空间窗口"，可执行"File"菜单→"Import Data"命令，然后根据向导导入变量，而且可以选择其中的部分变量导入，如果文件中的变量名与已有的变量名相同，则覆盖已有变量。

3. 命令历史窗口

> **说明**
> （1）命令历史窗口（Command History）：会自动保留自安装起所有用过的命令的历史记录，并标注了使用时间，方便用户查询，如图 9-3 所示。
> （2）通过双击命令可进行历史命令的再运行。
> （3）如果要清除历史记录，可以执行"Edit"菜单→"Clear Command History"命令。

图 9-3　命令历史窗口

4. 当前目录窗口

> **说明**
>
> （1）当前目录窗口（Current Folder）：显示 MATLAB 运行时工作目录下的所有文件及文件夹。
>
> （2）在 MATLAB 窗口中，执行"Desktop"菜单→"Current Folder"命令，或在"命令窗口"中键入"filebrowser"，即可打开"当前目录窗口"。
>
> （3）通过 MATLAB 的"当前目录窗口"可以搜索、查看、打开、查找和改变 MATLAB 路径和文件，如图 9-4 所示。

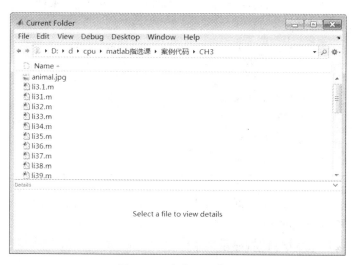

图 9-4　当前目录窗口

任务二　数值计算

具体要求如下：

(1) 计算表达式 $\dfrac{(5\times2+1.3-0.8)\times10}{25}$ 和表达式 $\sqrt{\left|\sin\dfrac{225\times\pi}{180}\right|}$ 的值。

(2) 使用直接构造法、增量法和 linspace 函数法三种方法构造数组。

(3) 使用简单的矩阵创建方法创建矩阵 **A** 和 **B**，并进行矩阵聚合。

(4) 计算矩阵 **A**+**B**，并求解线性方程组。

(5) 计算 X.* Y、X.\ Y、X.^Y、X.^2。

1. 基本数学运算

> **说明**
>
> 在 MATLAB 中进行基本数学运算非常方便，只需在"命令窗口"中的命令提示符（>>）之后直接输入运算式，并按 Enter 键即可执行完毕。

操作步骤：

(1) 在"命令窗口"键入命令：

    >>(5*2+1.3−0.8)*10/25

在命令执行后，"命令窗口"将显示以下结果：

    ans=

        4.2000

> **注意**
>
> MATLAB 会将运算结果直接存入变量 ans，代表 MATLAB 运算后的答案（Answer），并显示其数值于屏幕上。表 9-1 列出了 MATLAB 中一些常用的特殊变量与常量（预定义变量）。MATLAB 可以识别所有一般常用到的加（+）、减（−）、乘（*）、除（/）的数学运算符号，以及幂次运算（^）。

表 9-1　常用的特殊变量与常量（预定义变量）

变量名	意义	变量名	意义
ans	缺省变量名，以应答最近一次操作运算结果	i 或 j	虚数单位 $i=j=\sqrt{-1}$
pi	圆周率	inf	表示无穷大
realmax	最大正实数	realmin	最小正实数

(2) 将上述运算式的结果设定赋值给另一个变量 x，即在"命令窗口"键入命令：：

    >>x=(5*2+1.3−0.8)*10/25

在命令执行后，"命令窗口"将显示以下结果：

    x=

        4.2000

此时 MATLAB 会直接显示 x 的值。

说明

(1) 其实,在 MATLAB 中变量也可用来存放向量或矩阵,并进行各种运算。

(2) 标量:是只具有数值大小,没有方向的量。

(3) 向量:即矢量,指具有大小和方向的几何对象,可以表示为带箭头的线段,箭头所指代表向量的方向,线段长度代表向量的大小。

(4) 矩阵:是指纵横排列的二维数据表格,如一个 $2×3$ 的矩阵 A,$A = \begin{bmatrix} 2 & 7 & 9 \\ 6 & 5 & 8 \end{bmatrix}$,$A$ 的第 i 行第 j 列,通常记为 $A_{[i,j]}$ 或 $A_{i,j}$,如 $A_{[2,3]}=8$

(5) 行向量:是一个 $1×n$ 的矩阵,即矩阵由一个含有 n 个元素的行组成。如矩阵 A 的第 1 行元素[2 7 9]就是一个行向量。

(6) 列向量:是一个 $n×1$ 的矩阵,即矩阵由一个含有 n 个元素的列组成。如矩阵 A 的第 1 列元素 $\begin{bmatrix} 2 \\ 6 \end{bmatrix}$ 就是一个列向量。

(3) 将向量赋值给变量 x,并进行数值运算,在"命令窗口"中输入命令:

    >>x=[1 3 5 2];　　%行向量赋值给变量 x

    >>y=2*x+1　　　　%上一行命令后面加";"表示运行结果不显示

在命令执行后,"命令窗口"将显示以下结果:

    y=

       3　　　7　　　11　　　5

当要查询变量的值时,只需在命令提示符">>"后直接输入该变量名即可,如:

    >>x

在命令执行后,"命令窗口"将显示以下结果:

    x=

       1　　　3　　　5　　　2

(4) 求 $\sqrt{\left|\sin\dfrac{225×\pi}{180}\right|}$ 的值,在"命令窗口"中键入命令:

    >>sqrt(abs(sin(225*pi/180)))

在命令执行后,"命令窗口"将显示以下结果:

    ans=

       0.8409

为了数学运算的方便性,MATLAB 提供了一些常用的基本数学函数,如表 9-2 所示。

表 9-2 常用的数学函数

函数	意义	函数	意义
$\sin(x)$	正弦	$\mathrm{asin}(x)$	反正弦
$\tan(x)$	正切	$\mathrm{atan}(x)$	反正切
$\sec(x)$	正割	$\csc(x)$	余割

（续表）

函数	意义	函数	意义
exp(x)	指数运算	log(x)	自然对数
log2(x)	以 2 为底的对数	pow2(x)	以 2 为底的指数
abs(x)	标量的绝对值 或向量的长度	sqrt(x)	开平方
imag(x)	求复数的虚部	real(x)	求复数的实部
conj(x)	共轭复数	gcd(x,y)	求整数 x,y 的最大公约数
limit(f,x,a)	极限函数	int(f,a,b)	积分函数
sign(x)	符号函数	power(x,r)	乘方运算
expand(x)	多项式展开	solve(x)	求解方程
angle(x)	以弧度为单位给出复数 x 的幅角		

2. 数组的生成

说明

（1）实际上，在 MATLAB 中，所有数据都是用数组或矩阵形式进行保存的。

（2）在 MATALB 中构造数组的方法有 3 种：

① 直接构造法：用空格或逗号间隔数组元素，首尾用方括号括起来。

② 增量法：使用 first:step:last 的格式，如果省略 step，则步长默认为 1。其中的 first 是初始值，step 是步长，last 是终止值。

③ linspace 函数法：要使用函数 linspace(first,last,num)，指定首尾值和元素总个数。其中的 first 是初始值，last 是终止值，num 是元素总数。

操作步骤：

（1）使用直接构造法生成一个有 5 个元素的数组 x，在"命令窗口"中键入：

    >>x=[9 8 7 5 2];

（2）使用增量法构造一个从 0 到 20，步长为 2 的数组 A，在"命令窗口"中键入：

    >>A=0:2:20

在命令执行后，"命令窗口"将显示以下结果：

    A=

       0   2   4   6   8   10   12   14   16   18   20

（3）使用 linspace 函数构造一个从 0 到 5，共 8 个元素的数组 A，在"命令窗口"中键入：

    >>A=linspace(0,5,8)

在命令执行后，"命令窗口"将显示以下结果：

    A=

       0   0.7143   1.4286   2.1429   2.8571   3.5714   4.2857   5.0000

3. 矩阵的创建

> **说明**
>
> 在 MATLAB 中,二维数组称为矩阵,创建矩阵有如下三种方法:
> (1) 简单的创建方法
> (2) 构造特殊矩阵
> (3) 聚合矩阵

操作步骤:

(1) 简单的创建方法

创建一个 3 行 4 列的矩阵,在"命令窗口"键入命令:

>> A=[1 2 3 4;5 6 7 8;9 10 11 12]

在命令执行后,"命令窗口"将显示以下结果:

A=

1	2	3	4
5	6	7	8
9	10	11	12

> **注意**
>
> 使用矩阵创建符号[],在方括号内输入多个元素以创建矩阵的一行,并用逗号或空格把每个元素间隔开,行与行之间用分号间隔。

(2) 构造特殊矩阵

为了方便给大量元素赋值,MATLAB 提供了一些基本矩阵,表 9-3 是最常用的一些特殊矩阵构造函数。

表 9-3　特殊矩阵构造函数

函数	意义
ones(m,n)	创建一个所有元素都为 1 的矩阵($m \times n$ 维)
zeros(m,n)	创建一个所有元素都为 0 的矩阵($m \times n$ 维)
eye(n)	创建对角线元素为 1,其他元素为 0 的矩阵(n 维方阵)
magic(n)	创建一个方形矩阵,其中行、列和对角线上元素的和相等(n 维方阵)
rand(m,n)	创建一个矩阵或数组,其中的元素为服从均匀分布的随机数($m \times n$ 维)
randn(m,n)	创建一个矩阵或数组,其中的元素为服从正态分布的随机数($m \times n$ 维)

(3) 聚合矩阵

> **说明**
>
> 矩阵聚合:是通过连接一个或多个矩阵来形成新的矩阵,聚合运算符是中括号[]。表达式 $C=[A \quad B]$ 在水平方向上聚合矩阵 A 和 B,表达式 $C=[A;B]$ 将在垂直方向上聚合它们。

在垂直方向上聚合矩阵 **A** 和 **B**,在"命令窗口"中键入命令:

>> A=[5 2];

>> B=[3 5;7 9;2 4];

>> C=[A;B]

在命令执行后,"命令窗口"将显示以下结果:

C=

  5 2

  3 5

  7 9

  2 4

注意

（1）用以上三种方法可以生成任何一个满足要求的矩阵,矩阵生成后,就要引用矩阵中的元素了。使用下面的语法指定行号和列号即可引用矩阵 **A** 中的任意元素:**A** (row,column),其中 row 表示行号,column 表示列号。

（2）另外,利用冒号":"可以引用矩阵某行或某列的所有元素。

（4）计算 **C** 中第一列元素的和,在"命令窗口"中键入命令:

>> sum(C(:,1))

在命令执行后,"命令窗口"将显示以下结果:

 ans=

  17

注意

（1）在 MATLAB 中,矩阵中的每个元素都看作是复数,MATLAB 中所有的运算符和函数都对复数有效。这个特点在其他语言中是不多见的,这也是 MATLAB 的一个优势。

（2）在 MATLAB 中复数的虚数部分用 i 或 j 表示,如:**C**=3+5.2i

（3）对复数矩阵有两种赋值方法:

① 将其元素逐个赋予复数,如:**Z**=[1+2i,3+4i;5+6i,7+8i]

② 将其实部和虚部矩阵分别赋值,如:**Z**=[1,3;5 7]+[2,4;6,8]*i

（5）复数计算

计算 a/b 的值,其中 a=2+i,b=3-2i,在"命令窗口"中键入命令:

>> a=2+i;

>> b=3-2i;

>> a/b

在命令执行后,"命令窗口"将显示以下结果:

 ans=

  0.3077+0.5385i;

4. 矩阵的初等运算

操作步骤:

(1) 矩阵的加减乘法

计算矩阵 $A+B$,在"命令窗口"中键入命令:

>>A=[5 2];

>>B=[3 5];

>>C=A+B

在命令执行后,"命令窗口"将显示以下结果:

　　C=

　　　　8　7

(2) 矩阵除法及线性方程组的解

对于 n 阶方阵 A,其逆矩阵记为 inv(A)。

左除 D\ :方程 D*X=B,设 X 为未知矩阵,解为:X=inv(D)*B=D\ B

右除 D/:方程 X*D=B,设 X 为未知矩阵,解为:X=B*inv(D)=B/D

例如,求解线性方程组 $\begin{cases} x+y+z=6 \\ x+3y+2z=13 \\ 2x+2y+3z=15 \end{cases}$,在"命令窗口"中键入命令:

>>A=[1 1 1;1 3 2;2 2 3];

>>B=[6;13;15];

>>X=A\ B

在命令执行后,"命令窗口"将显示以下结果:

　　X=

　　　　1

　　　　2

　　　　3

5. 元素群的四则运算和幂次运算

（2）为了与矩阵作为整体的运算符号相区别，要在运算符*、/、\、^前加一个符号"."。参与元素群运算的两个矩阵必须同阶。

（3）表9-4总结了MATLAB中基本算术运算符及特殊运算符。

表9-4　基本算术运算符及特殊运算符

符号	符号用途说明
+	加
-	减
.*	点乘
*	矩阵相乘
^	矩阵求幂
.^	点幂
\	左除
/	右除
.\	点左除
./	点右除
,	作分隔用，如把矩阵元素、向量参数、函数参数、几个表达式分隔开来
;	(a) 写在一个表达式后面时，运算后命令窗口中不显示表达式的计算结果； (b) 在创建矩阵的语句中指示一行元素的结束，例如 $m=[x\ y\ z;i\ j\ k]$.
:	(a) 创建向量的表达式分隔符，如 $x=a:b:c$ (b) a(:,j)表示 j 列的所有行元素；a(i,:)表示 i 行的所有列元素；a(1:3,4)表示第 4 列的第 1 行至第 3 行元素
()	圆括号
[]	创建数组、向量、矩阵或字符串（字母型）
{}	创建单元矩阵(cell array)或结构(struct)
%	注释符，特别当编写自定义函数文件时，紧跟 function 后的注释语句，在使用 help 函数名时会显示出来。
'	(a) 定义字符串用 (b) 向量或矩阵的共轭转置符
.'	一般转置符
...	表示 MATLAB 表达式继续到下一行，增强代码可读性
=	赋值符号

操作步骤：

（1）设 X=[1,2,3]，Y=[4,5,6]，在"命令窗口"中输入以下命令，结果如下：

>>X.*Y

在命令执行后,"命令窗口"将显示以下结果:

ans=

    4　10　18

>>X.\ Y

在命令执行后,"命令窗口"将显示以下结果:

ans=

    4.0000　2.5000　2.0000

>>X.^Y

在命令执行后,"命令窗口"将显示以下结果:

ans=

    1　32　729

>>X.^2

在命令执行后,"命令窗口"将显示以下结果:

ans=

    1　4　9

(2) 设 X=[1,2,3],Y=[4,5,6],则 X*Y、X\ Y、X^Y、X^2 阶数不匹配,运行错误。

任务三　实验数据处理并作图

说明

(1) MATLAB 可以根据给出的数据,用绘图命令在屏幕上画出图形,通过图形对科学计算进行描述,这是 MATLAB 独有的优于其他语言的特色。

(2) 可选择多种类型的绘图坐标,还可以对图形加标号、加标题或画上网状标线,并进行屏幕控制、坐标比例选取以及在打印机上进行硬拷贝、三维及颜色绘图命令操作。

具体要求如下:

(1) 使用 plot 函数在同一个坐标系内绘制 $[0,2\pi]$ 内的正弦曲线和余弦曲线,要求将正弦曲线颜色设为青色,数据点形设为十字符,余弦曲线颜色设为绿色,数据点形设为星形,并调整 x 轴范围[0,6],y 轴范围[-1.2,1.2],最后对图形加上 x 轴和 y 轴注解、图形标题和图形注解,并显示格线。

(2) 使用 subplot 函数将正弦、余弦、反正弦和反余弦曲线画在同一个视窗之中。

1. 基本二维绘图函数 plot

说明

plot 函数:用于绘制直角坐标系下的二维曲线,是绘制二维图形的最重要最基本的一个函数,具体格式:

$$plot(x,y)$$

其中 x 和 y 为大小相同的向量,分别用于存储 x 坐标和 y 坐标数据。

操作步骤：

（1）使用 plot 函数画一条正弦曲线，在"命令窗口"中输入下列命令，曲线如图 9‑5 所示。

>>x=linspace(0,2*pi,100);　　　% 100 个点的 x 坐标
>>y=sin(x);　　　　　　　　　% 对应的 y 坐标
>>plot(x,y)

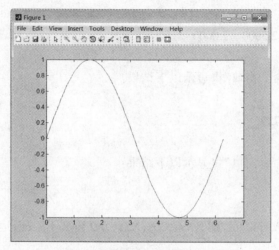

图 9‑5　用 plot 函数画一条正弦曲线

（2）使用 plot 函数在同一个坐标系中画正弦曲线和余弦曲线各一条，曲线如图 9‑6 所示。

>>x=linspace(0,2*pi,100);　　　% 100 个点的 x 坐标
>>plot(x,sin(x),x,cos(x))

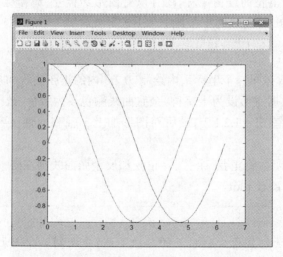

图 9‑6　用 plot 函数画正弦曲线和余弦曲线各一条

（3）使用 plot 函数在同一个坐标系中画正弦曲线和余弦曲线各一条，并将正弦曲线颜色设为青色，余弦曲线颜色设为绿色，曲线如图 9‑7 所示。

>> x=linspace(0,2*pi,100);　　　% 100 个点的 x 坐标
>> plot(x,sin(x),'c',x,cos(x),'g')

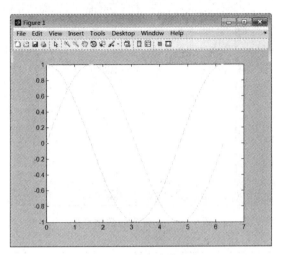

图 9-7　设置曲线颜色

注意
　　若要改变二维曲线的颜色,只需要在坐标后面加上相关字串即可,表 9-5 列出了 plot 函数中常用样式控制参数设置值及其含义。

表 9-5　plot 函数常用样式控制参数值及其含义

线型	符号	-		:		- .		- -	
	含义	实线		虚线		点划线		双划线	
色彩	符号	B	G	R	C	M	Y	K	W
	含义	蓝	绿	红	青	品红	黄	黑	白
数据点形	符号	.	+	*	D	H	P	S	O
	含义	实心黑点	十字符	星形	菱形符	六角形	五角形	方块符	空心圆圈

（4）将正弦曲线的数据点形设为十字符,余弦曲线的数据点形设为星形,曲线如图 9-8 所示。

>> x=linspace(0,2*pi,100);
>> plot(x,sin(x),'+',x,cos(x),'*')

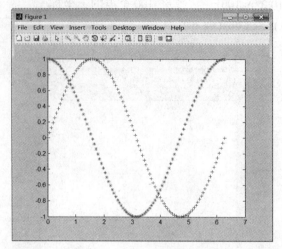

图 9 - 8　设置曲线数据点形

注意

　　若要改变曲线线型(line style)，也是在坐标对后面加上相关字串，常用样式控制参数设置值及其含义见表 9 - 5。

（5）调整图轴的范围

说明

　　图形完成后，可用 axis($[x_{min}, x_{max}, y_{min}, y_{max}]$)函数来调整图轴的范围。其中 x_{min} 表示 x 轴的最小值，x_{max} 表示 x 轴的最大值，y_{min} 表示 y 轴的最小值，y_{max} 表示 y 轴的最大值。

　　设 x 轴范围[0,6]，y 轴范围[-1.2,1.2]，在命令窗口中输入下列命令，曲线变化如图 9 - 9 所示。

　　　　>> axis([0,6,-1.2,1.2])

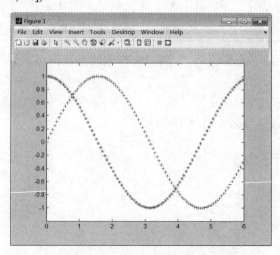

图 9 - 9　调整图轴的范围

（6）对图形加上 x 轴和 y 轴注解、图形标题和图形注解，并显示格线，如图 9-10 所示。

>>xlabel('Input Value');	% x 轴注解
>>ylabel('Function Value');	% y 轴注解
>>title('Two Trigonometric Functions');	%图形标题
>>legend('y=sin(x)','y=cos(x)');	%图形注解
>>grid on	%显示格线

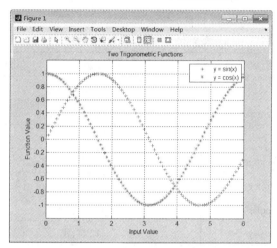

图 9-10 使用 subplot 函数将多个图形置于一个视窗中

（7）可用 subplot 函数来同时画出数个小图形于同一个视窗之中，如图 9-11 所示。

> **说明**
>
> subplot 函数是用来将当前图形窗口分割成若干个绘图区，每个绘图区代表一个独立的子图，也是一个独立的坐标系。具体格式：
>
> $$subplot(m,n,p)$$
>
> 该函数将当前图形窗口分成 $m \times n$ 个绘图区，即每行 n 个，共 m 行，区号按行优先编号，且选定第 p 个区为当前活动区。

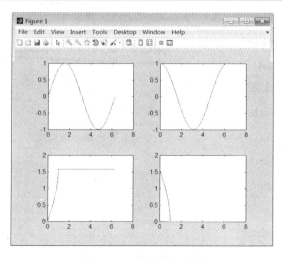

图 9-11 给曲线加注解

```
>> subplot(2,2,1);plot(x,sin(x))
>> subplot(2,2,2);plot(x,cos(x))
>> subplot(2,2,3);plot(x,asin(x))
>> subplot(2,2,4);plot(x,acos(x))
```

2. 其他各种二维绘图函数

MATLAB还有其他各种二维绘图函数以适合不同的应用,如表9-6所示,在使用时可以参阅帮助。

表9-6 常用二维绘图函数

函数	意义
bar	条形图
errorbar	误差条图
pie	饼图
scatter	散点图
fplot	对函数自适应采样绘图
polar	极坐标图
stairs	阶梯图
stem	杆图
fill	实心图
feather	羽毛图
compass	罗盘图

3. 三维曲线和曲面

为了显示三维图形,MATLAB提供了各种各样的函数。有一些函数可在三维空间中画线,而另一些可以画曲面与线格框架。表9-7列出了常用的三维绘图函数。

表9-7 常用三维绘图函数

函数	意义
contour3	等值线图
fill3	填充的多边形
mesh	网格图
meshc	具有基本等值线图的网格图
meshz	有零平面的网格图
plot3	三维曲线图
surf	曲面图
surfc	具有基本等值线图的曲面图
waterfall	瀑布图

(续表)

函数	意义
sphere	三维球面图
cylinder	柱面图
peaks	三维曲面演示
bar3	三维条形图
pie3	三维饼图
fill3	三维多边形

任务四　创建 M 文件

具体要求如下：

（1）使用脚本式 M 文件编写求素数（sushu.m）的命令代码。

（2）使用函数式 M 文件编写求素数（sushuf.m）的命令代码。

1. 使用脚本式 M 文件编写求素数（sushu. m）的命令代码

操作步骤：

（1）执行"File"菜单→"New"→"Script"命令，打开 M 文件编辑器，如图 9-12 所示。

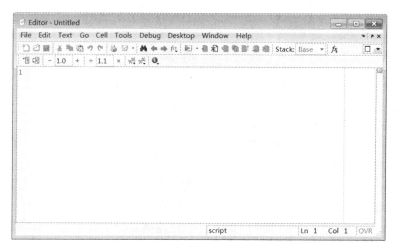

图 9-12　脚本式 M 文件编辑器

说明

（1）在入门阶段时，一般使用的是 MATLAB 的行命令模式，也就是在"命令窗口"中键入一行命令后，系统立即执行该命令，用这种方法时程序难以存储。

（2）解决复杂的问题应该用命令编程可存储的程序文本，再让 MATLAB 执行该程序文件，这种工作模式称为程序文件模式。

（3）由 MATLAB 语句构成的程序文件称为 M 文件，以".m"作为文件的扩展名。由于 M 文件是 ASCII 文本文件，所以可以直接阅读并用任何编辑器来建立。

（4）M 文件分为两种。

① 脚本式 M 文件：是主程序，也称为主程序文件（Script File），是由用户为解决特定的问题而编制的，任何可执行的 MATLAB 命令都可以写入脚本文件，前述建立的都是脚本式 M 文件；

② 函数式 M 文件：是子程序，也称为函数文件（Function File），必须由其他 M 文件来调用，函数文件往往具有一定的通用性，并可以递归调用（自己调用自己）。

（2）在编辑器中输入如下代码，如图 9-13 所示。

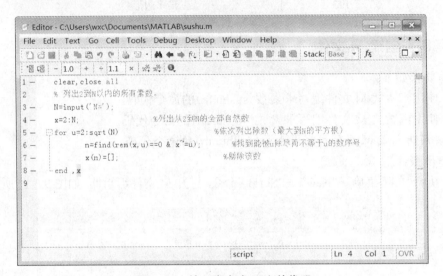

图 9-13　输入脚本式 M 文件代码

clear,close all

%列出 2 到 *N* 以内的所有素数。

N=input('N=');

x=2:N;　　　　　　　　　　　　%列出从 2 到 N 的全部自然数

for u=2:sqrt(N)　　　　　　　　%依次列出除数（最大到 N 的平方根）

　　n=find(rem(x,u)==0&x~ =u);　%找到能被 u 除尽而不等于 u 的数序号

　　x(n)=[];　　　　　　　　　　%剔除该数

end,x　　　　　　　　　　　　　%循环结束，显示结果

（3）执行"File"菜单→"Save"命令，将文件命名为"sushu.m"，保存至"实验九"文件夹。

（4）在"命令窗口"中输入该文件名，命令如下：

　　>>sushu

　　N=

在"命令窗口"中输入 50 后，将显示以下结果：

　　x=

　　　Columns 1 through 11

　　　　2　　3　　5　　7　　11　　13　　17　　19　　23　　29　　31

Columns 12 through 15

    37   41   43   47

注意

（1）脚本式 M 文件一般首先用 clear、close all 等语句开始,清除工作空间中原有的变量和图形;然后用注释行(以％开头)对程序用途进行说明,特别是在运行时对用户输入数据的要求,要叙述清楚;最后是程序主体。

（2）完成程序编制后,在"命令窗口"中键入该 M 文件名,系统可执行文件中的语句。

2. 使用函数式 M 文件编写求素数(sushuf. m)的命令代码

说明

（1）一个完整的函数式 M 文件应该包括函数定义行、H1 行、帮助文本、函数体、注释和函数代码等方面的内容,其中函数定义行和函数代码是必需的。

（2）格式如下：

function　　[x, y]=myfun(a,b,c)　　　　　　　函数定义行
％H1 行—用一行文字来综述函数的功能
％帮助文本—用一行或多行文本解释如何使用函数,
％在命令行中键入"help ＜function name＞"时可以使用它
％函数体一般从第一个空白行后开始
％注释—描述函数的行为,输入输出的类型等,
％在命令行中键入"help ＜function name＞"时不会显示这些文本
……　　　　　　　　　　　　　　％开始编写函数代码

操作步骤：

（1）执行"File"菜单→"New"→"Function"命令,打开 M 文件编辑器,如图 9‑14 所示。

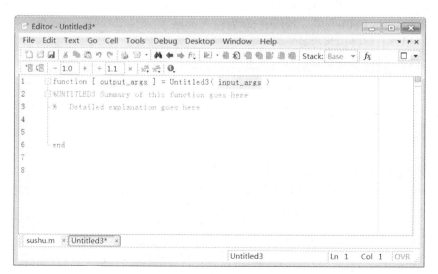

图 9‑14　函数式 M 文件编辑器

（2）在编辑器中输入如下代码，如图 9 - 15 所示。

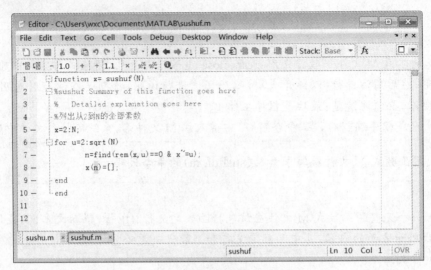

图 9 - 15 输入函数式 M 文件代码

function x=sushuf(N)

％列出从 2 到 N 的全部素数

x=2:N;

for u=2:sqrt(N)

    n=find(rem(x,u)==0&x~ =u);

    x(n)=[];

end

end

（3）执行"File"菜单→"Save"命令，将文件命名为"sushuf.m"，保存至"实验九"文件夹。

（4）在"命令窗口"中输入该函数及输入参数 50，命令如下：

>>x=sushuf(50)   ％其中 50 为输入参数

"命令窗口"中显示以下结果：

x=

Columns 1 through 11

2   3   5   7   11   13   17   19   23   29   31

Columns 12 through 15

37   41   43   47

3. 脚本式 M 文件和函数式 M 文件的区别

虽然上述两个 M 文件的执行方式不同，但结果相同。实际上，两种文件的区别不仅仅是执行方式的不同，如表 9 - 8 列出了两种文件的主要区别。

表 9-8　脚本式 M 文件和函数时 M 文件的区别

脚本式 M 文件	函数式 M 文件
不接受输入参数，没有返回值	可以接受输入参数，可以有返回值
基于工作空间中的数据进行操作	默认时，文件中参数的作用范围只限于函数内部
自动完成需要花费很多时间的多步操作时使用	扩展 MATLAB 语言功能时使用

任务五　MATLAB 数据分析与曲线拟合

> **说明**
>
> （1）MATLAB 以数组和矩阵为基础，提供了数据插值和曲线拟合的函数等其他许多丰富的库函数，这些函数在药动学模型的运算中非常有用，结合一系列的绘图函数，可制作剂量-效应曲线、药物效应-时间曲线以及数据统计图等图表。
>
> （2）数据插值：在工程测量和科学实验中，所得到的数据通常都是离散的，如果要得到这些离散点以外的其他点的数值，就需要根据已知数据进行估算，即插值。
>
> （3）曲线拟合：目的是根据已知的采样点，用一个较简单的函数去逼近一个复杂的或未知的函数来拟合数据的变化规律。

具体要求如下：

（1）曲线拟合问题：给动物口服 A 药物 1 000 mg，每间隔 1 小时测定血药浓度（g/ml），得到表 9-9 所示的数据，试建立血药浓度（因变量 y）对服药时间（自变量 x）回归方程。

表 9-9　服药时间与血药浓度关系

服药时间/h	血药浓度/$(g \cdot ml^{-1})$	服药时间/h	血药浓度/$(g \cdot ml^{-1})$
1	21.89	6	66.36
2	47.13	7	50.34
3	61.86	8	25.31
4	70.78	9	3.17
5	72.81		

（2）数据插值问题：已知我国 0～6 个月婴儿的体重参考标准，如表 9-10 所示，用三次样条插值求婴儿出生后半个月到五个半月每隔 1 个月的体重参考值。

表 9-10　我国 6 个月内婴儿体重参考表

时间	出生	1 个月	2 个月	3 个月	4 个月	5 个月	6 个月
体重(kg)	3.27	4.97	5.95	6.73	7.32	7.70	8.22

1. 曲线拟合

操作步骤：

（1）输入服药时间和血药浓度数据，在"命令窗口"中输入命令：

```
>>x=1:9;
```

$\gg y=[21.89,47.13,61.86,70.78,72.81,66.36,50.34,25.31,3.17];$

（2）在"命令窗口"中输入下列命令，对已知数据生成散点图，如图9-16所示，根据散点图初步确定拟合函数的性质，并可以确定多项式为二次多项式。

$\gg newx='$ 服药时间 $h';$

$\gg newy='$ 血药浓度/g.ml-1$';$

$\gg plot(x,y,'o');$

$\gg xlabel(newx);$

$\gg ylabel(newy);$

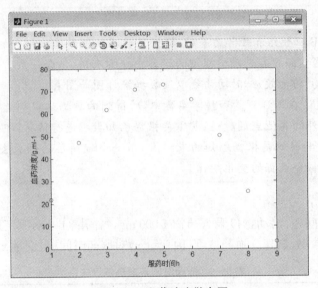

图9-16 血药浓度散点图

（3）在"命令窗口"中输入 polyfit 命令，计算出二次多项式的系数，并写出回归方程。

说明

　　polyfit 函数：用于多项式曲线拟合。格式为

$$p=polyfit(x,y,n)$$

其中参数 x,y 是已知的 N 个数据点坐标向量，其长度均为 N。n 是用来拟合的多项式次数，p 是求出的多项式的系数，n 次多项式应该有 $n+1$ 个系数，故 p 的长度为 $n+1$。拟合的准则是最小二乘法。

$\gg b=polyfit(x,y,2)$

命令执行后，在"命令窗口"中显示如下运算结果：

　　b=

　　　　-3.7624　　34.8269　　-8.3655

即回归方程为：$y=-3.7624x^2+34.8269x-8.3655$

2. 数据插值

操作步骤：

（1）设时间变量 x 为行向量，体重变量 y 为列向量，在"命令窗口"中输入命令：

>>x=0:6;

>>y=[3.27,4.97,5.95,6.73,7.32,7.70,8.22]';

（2）设 xi 为要估算的时间变量，使用一维插值函数 interp1 进行三次样条插值估算体重 yi，在"命令窗口"中输入命令：

>>xi=0.5:5.5;

>>yi=interp1(x,y,xi,'spline')

命令执行后，在"命令窗口"中显示如下运算结果：

yi=

  4.2505 5.5095 6.3565 7.0558 7.5201 7.9149

任务六　图像处理

具体要求如下：

把一幅 TIF 格式的医学剖面图像 li.tif 进行灰度直方图增强操作，使图像细节更清晰。

（li.tif 见"MATLAB 综合练习素材"）。

1. 常用的图像操作函数

常用的图像操作函数如表 9－11 所示。

表 9－11 常用的图像操作函数

函数	意义
imread	读取图像
imwrite	输出图像
imshow	显示图像
image	显示彩色图像
imcrop	图像裁剪
imresize	图像缩放
imrotate	图像旋转
rgb2gray	将彩色图像转换成灰度图像
ind2gray	将索引图像转换成灰度图像
im2bw	将灰度图、真彩色图、索引图像转换成二值图像
histeq	灰度直方图均衡化

2. 图像处理

说明

（1）数字图像处理：包括图像的几何处理、算术处理、图像增强、图像分割、图像复原、图像重建、图像编码和图像理解等。

（2）图像增强：是数字图像处理过程中常用的一种方法，目的是改善图像的视觉效果或将图像转换成更适合人眼观察和机器自动分析的形式。

（3）从增强处理的作用域出发，图像增强可以分为空域增强和频域增强两类方法。

① 空域增强方法：直接在图像所在的空间进行处理，也就是在像素组成的空间里直接对像素进行操作。

② 频域增强方法：将原来图像空间中的图像以某种形式转换到其他空间中，然后利用该空间的特有性质进行图像处理，最后再转换回原来的图像空间中，从而得到处理后的图像。

③ 例如灰度直方图均衡化方法，可以使原图像灰度集中的区域拉开或使灰度分布均匀，从而增大反差，使图像的细节清晰，达到增强的目的。

操作步骤：

（1）将图像文件读入工作空间，在"命令窗口"中输入命令：

>> x=imread('li.tif');

（2）由于灰度直方图均衡化函数 histeq 只能对灰度图进行处理，因此将 tif 格式文件转换为灰度图像，在"命令窗口"中输入命令：

```
>> i=rgb2gray(x);
```

（3）在"命令窗口"中输入以下命令，打开两个图形窗口，分别显示原图像和增强后的图像，如图 9-17 所示。

```
>> figure(1);
>> imshow(i);              ％如图 9-17(a)显示的原始灰度图像
>> figure(2);
>> histeq(i);              ％如图 9-17(b)显示的是增强后的图像
```

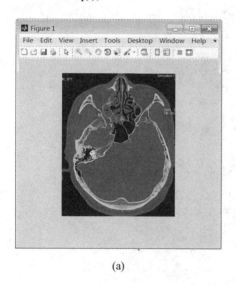
(a)

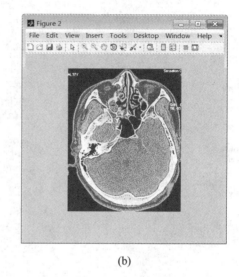
(b)

图 9-17　图像增强

任务七　综合练习

请完成以下练习 1～8，将每道题目的命令与执行结果用 Word 进行保存，文件名为"综合 9_1.doc"，文件保存至"实验九"文件夹。

1. 计算 $\sin\dfrac{(8+5\times\log_2 4)}{|3-7|^3}$。

2. 已知 $a=3+4i, b=2-i, c=2e^{\frac{\pi}{6}}$，计算 ab/c。

3. 求方程 $3x^5-7x^4+5x^2+2x-18=0$ 的全部根。

4. 建一个 3×3 矩阵，然后将第一行乘以 1，第二行乘以 2，第三行乘以 3。

5. 求积分 $\displaystyle\int_1^2 (x^2+x+3)\mathrm{d}x$。

6. 线性方程组的求解 $\begin{cases} x+y+z=3 \\ x+2y+3z=1 \\ x+3y+6z=4 \end{cases}$。

7. 使用 plot 函数在同一个坐标系中绘制 $[0,2\pi]$ 内的正弦和余弦曲线，要求正弦曲线线型为实线、颜色为红色、数据点型为十字型，余弦曲线线型为双划线、颜色为绿色、数据点型为六角形，图形的 X 轴注解为"Input Value"，Y 轴注解为"Function Value"，图形标题为"Two

Trigonometric Functions",图形注解为 $\begin{cases} y=\sin(x) \\ y=\cos(x) \end{cases}$,要求显示格线。

8. 使用 subplot 函数将正弦、余弦、正切和余切曲线画在同一个视窗当中(2×2结构)。

9. 使用函数式 M 文件计算 $s=n!$,该文件名为"fact.m",文件保存至"实验九"文件夹。

附录一:全国计算机等级考试一级 MS Office 考试大纲(2013 年版)

基本要求

1. 具有微型计算机的基础知识(包括计算机病毒的防治常识)。

2. 了解微型计算机系统的组成和各部分的功能。

3. 了解操作系统的基本功能和作用,掌握 Windows 的基本操作和应用。

4. 了解文字处理的基本知识,熟练掌握文字处理 MS Word 的基本操作和应用,熟练掌握一种汉字(键盘)输入方法。

5. 了解电子表格软件的基本知识,掌握电子表格软件 Excel 的基本操作和应用。

6. 了解多媒体演示软件的基本知识,掌握演示文稿制作软件 PowerPoint 的基本操作和应用。

7. 了解计算机网络的基本概念和因特网(Internet)的初步知识,掌握 IE 浏览器软件和 Outlook Express 软件的基本操作和使用。

考试内容

一、计算机基础知识

1. 计算机的发展、类型及其应用领域。

2. 计算机中数据的表示、存储与处理。

3. 多媒体技术的概念与应用。

4. 计算机病毒的概念、特征、分类与防治。

5. 计算机网络的概念、组成和分类;计算机与网络信息安全的概念和防控。

6. 因特网网络服务的概念、原理和应用。

二、操作系统的功能和使用

1. 计算机软、硬件系统的组成及主要技术指标。

2. 操作系统的基本概念、功能、组成及分类。

3. Windows 操作系统的基本概念和常用术语,文件、文件夹、库等。

4. Windows 操作系统的基本操作和应用：

（1）桌面外观的设置，基本的网络配置。

（2）熟练掌握资源管理器的操作与应用。

（3）掌握文件、磁盘、显示属性的查看、设置等操作。

（4）中文输入法的安装、删除和选用。

（5）掌握检索文件、查询程序的方法。

（6）了解软、硬件的基本系统工具。

三、文字处理软件的功能和使用

1. Word 的基本概念，Word 的基本功能和运行环境，Word 的启动和退出。

2. 文档的创建、打开、输入、保存等基本操作。

3. 文本的选定、插入与删除、复制与移动、查找与替换等基本编辑技术；多窗口和多文档的编辑。

4. 字体格式设置、段落格式设置、文档页面设置、文档背景设置和文档分栏等基本排版技术。

5. 表格的创建、修改；表格的修饰；表格中数据的输入与编辑；数据的排序和计算。

6. 图形和图片的插入；图形的建立和编辑；文本框、艺术字的使用和编辑。

7. 文档的保护和打印。

四、电子表格软件的功能和使用

1. 电子表格的基本概念和基本功能，Excel 的基本功能、运行环境、启动和退出。

2. 工作簿和工作表的基本概念和基本操作，工作簿和工作表的建立、保存和退出；数据输入和编辑；工作表和单元格的选定、插入、删除、复制、移动；工作表的重命名和工作表窗口的拆分和冻结。

3. 工作表的格式化，包括设置单元格格式、设置列宽和行高、设置条件格式、使用样式、自动套用模式和使用模板等。

4. 单元格绝对地址和相对地址的概念，工作表中公式的输入和复制，常用函数的使用。

5. 图表的建立、编辑和修改以及修饰。

6. 数据清单的概念，数据清单的建立，数据清单内容的排序、筛选、分类汇总，数据合并，数据透视表的建立。

7. 工作表的页面设置、打印预览和打印，工作表中链接的建立。

8. 保护和隐藏工作簿和工作表。

五、PowerPoint 的功能和使用

1. 中文 PowerPoint 的功能、运行环境、启动和退出。

2. 演示文稿的创建、打开、关闭和保存。

3. 演示文稿视图的使用，幻灯片基本操作（版式、插入、移动、复制和删除）。

4. 幻灯片基本制作（文本、图片、艺术字、形状、表格等插入及其格式化）。

5. 演示文稿主题选用与幻灯片背景设置。

6. 演示文稿放映设计（动画设计、放映方式、切换效果）。

7. 演示文稿的打包和打印。

六、因特网（Internet）的初步知识和应用

1. 了解计算机网络的基本概念和因特网的基础知识，主要包括网络硬件和软件，TCP/IP 协议的工作原理，以及网络应用中常见的概念，如域名、IP 地址、DNS 服务等。

2. 能够熟练掌握浏览器、电子邮件的使用和操作。

考试方式

1. 采用无纸化考试，上机操作。考试时间为 90 分钟。

2. 软件环境：Windows 7 操作系统，Microsoft Office 2010 办公软件。

3. 在指定时间内，完成下列各项操作：

（1）选择题（计算机基础知识和网络的基本知识）。（20 分）

（2）Windows 操作系统的使用。（10 分）

（3）Word 操作。（25 分）

（4）Excel 操作。（20 分）

（5）PowerPoint 操作。（15 分）

（6）浏览器（IE）的简单使用和电子邮件收发。（10 分）

附录二：全国计算机等级考试二级公共基础知识 考试大纲(2013 年版)

基本要求

1. 掌握算法的基本概念。
2. 掌握基本数据结构及其操作。
3. 掌握基本排序和查找算法。
4. 掌握逐步求精的结构化程序设计方法。
5. 掌握软件工程的基本方法，具有初步应用相关技术进行软件开发的能力。
6. 掌握数据库的基本知识，了解关系数据库的设计。

考试内容

一、基本数据结构与算法

1. 算法的基本概念；算法复杂度的概念和意义(时间复杂度与空间复杂度)。
2. 数据结构的定义；数据的逻辑结构与存储结构；数据结构的图形表示；线性结构与非线性结构的概念。
3. 线性表的定义；线性表的顺序存储结构及其插入与删除运算。
4. 栈和队列的定义；栈和队列的顺序存储结构及其基本运算。
5. 线性单链表、双向链表与循环链表的结构及其基本运算。
6. 树的基本概念；二叉树的定义及其存储结构；二叉树的前序、中序和后序遍历。
7. 顺序查找与二分法查找算法；基本排序算法(交换类排序，选择类排序，插入类排序)。

二、程序设计基础

1. 程序设计方法与风格。
2. 结构化程序设计。
3. 面向对象的程序设计方法，对象，方法，属性及继承与多态性。

三、软件工程基础

1. 软件工程基本概念，软件生命周期概念，软件工具与软件开发环境。
2. 结构化分析方法，数据流图，数据字典，软件需求规格说明书。
3. 结构化设计方法，总体设计与详细设计。

4. 软件测试的方法,白盒测试与黑盒测试,测试用例设计,软件测试的实施,单元测试、集成测试和系统测试。

5. 程序的调试,静态调试与动态调试。

四、数据库设计基础

1. 数据库的基本概念:数据库,数据库管理系统,数据库系统。

2. 数据模型,实体联系模型及 E-R 图,从 E-R 图导出关系数据模型。

3. 关系代数运算,包括集合运算及选择、投影、连接运算,数据库规范化理论。

4. 数据库设计方法和步骤:需求分析、概念设计、逻辑设计和物理设计的相关策略。

考试方式

1. 公共基础知识不单独考试,与其他二级科目组合在一起,作为二级科目考核内容的一部分。

2. 考试方式为上机考试,10 道选择题,占 10 分。

附录三:全国计算机等级考试二级 Visual Basic 语言程序设计考试大纲(2013 年版)

基本要求

1. 熟悉 Visual Basic 集成开发环境。
2. 了解 Visual Basic 中对象的概念和事件驱动程序的基本特性。
3. 了解简单的数据结构和算法。
4. 能够编写和调试简单的 Visual Basic 程序。

考试内容

一、Visual Basic 程序开发环境

1. Visual Basic 的特点和版本。
2. Visual Basic 的启动与退出。
3. 主窗口:
(1) 标题和菜单。
(2) 工具栏。
4. 其他窗口:
(1) 窗体设计器和工程资源管理器。
(2) 属性窗口和工具箱窗口。

二、对象及其操作

1. 对象
(1) Visual Basic 的对象。
(2) 对象属性设置。
2. 窗体
(1) 窗体的结构与属性。
(2) 窗体事件。
3. 控件
(1) 标准控件。
(2) 控件的命名和控件值。
4. 控件的画法和基本操作。

5. 事件驱动。

三、数据类型及其运算

1. 数据类型：

（1）基本数据类型。

（2）用户定义的数据类型。

2. 常量和变量：

（1）局部变量与全局变量。

（2）变体类型变量。

（3）缺省声明。

3. 常用内部函数。

4. 运算符与表达式：

（1）算术运算符。

（2）关系运算符与逻辑运算符。

（3）表达式的执行顺序。

四、数据输入、输出

1. 数据输出：

（1）Print 方法。

（2）与 Print 方法有关的函数（Tab，Spc，Space$）。

（3）格式输出（Format$）。

2. InputBox 函数。

3. MsgBox 函数和 MsgBox 语句。

4. 字形。

5. 打印机输出：

（1）直接输出。

（2）窗体输出。

五、常用标准控件

1. 文本控件

（1）标签。

（2）文本框。

2. 图形控件

（1）图片框，图像框的属性，事件和方法。

（2）图形文件的装入。

（3）直线和形状。

3. 按钮控件。

4. 选择控件：复选框和单选按钮。

5. 选择控件：列表框和组合框。

6. 滚动条。

7. 计时器。

8. 框架。

9. 焦点与 Tab 顺序。

六、控制结构

1. 选择结构

（1）单行结构条件语句。

（2）块结构条件语句。

（3）IIf 函数。

2. 多分支结构。

3. For 循环控制结构。

4. 当循环控制结构。

5. Do 循环控制结构。

6. 多重循环。

七、数组

1. 数组的概念：

（1）数组的定义。

（2）静态数组与动态数组。

2. 数组的基本操作：

（1）数组元素的输入、输出和复制。

（2）For Each .Next 语句。

（3）数组的初始化。

3. 控件数组。

八、过程

1. Sub 过程

（1）Sub 过程的建立。

（2）调用 Sub 过程。

（3）通用过程与事件过程。

2. Function 过程

（1）Function 过程的定义。

（2）调用 Function 过程。

3. 参数传送

（1）形参与实参。

（2）引用。

（3）传值。

（4）数组参数的传送。

4. 可选参数与可变参数。

5. 对象参数

（1）窗体参数。

（2）控件参数。

九、菜单与对话框

1. 用菜单编辑器建立菜单。

2. 菜单项的控制：

（1）有效性控制。

（2）菜单项标记。

（3）键盘选择。

3. 菜单项的增减。

4. 弹出式菜单。

5. 通用对话框。

6. 文件对话框。

7. 其他对话框(颜色，字体，打印对话框)。

十、多重窗体与环境应用

1. 建立多重窗体应用程序。

2. 多重窗体程序的执行与保存。

3. Visual Basic 工程结构：

（1）标准模块。

（2）窗体模块。

（3）Sub Main 过程。

4. 闲置循环与 DoEvents 语句。

十一、键盘与鼠标事件过程

1. KeyPress 事件。

2. KeyDown 与 KeyUp 事件。

3. 鼠标事件。

4. 鼠标光标。

5. 拖放。

十二、数据文件

1. 文件的结构和分类。

2. 文件操作语句和函数。

3. 顺序文件：

（1）顺序文件的写操作。

（2）顺序文件的读操作。

4. 随机文件：

（1）随机文件的打开与读写操作。

（2）随机文件中记录的增加与删除。

（3）用控件显示和修改随机文件。

5. 文件系统控件：

（1）驱动器列表框和目录列表框。

（2）文件列表框。

6. 文件基本操作。

考试方式

上机考试，考试时长 120 分钟，满分 100 分。

1. 题型及分值

（1）单项选择题 40 分（含公共基础知识部分 10 分）。

（2）基本操作题 18 分。

（3）简单应用题 24 分。

（4）综合应用题 18 分。

2. 考试环境

Microsoft Visual Basic 6.0。

附录四：全国计算机等级考试二级C++语言程序设计考试大纲（2013 年版）

基本要求

1. 掌握 C++语言的基本语法规则。
2. 熟练掌握有关类与对象的相关知识。
3. 能够阅读和分析 C++程序。
4. 能够采用面向对象的编程思路和方法编写应用程序。
5. 能熟练使用 Visual C++6.0 集成开发环境编写和调试程序。

考试内容

一、C++语言概述

1. 了解 C++语言的基本符号。
2. 了解 C++语言的词汇（关键字、标识符、常量、运算符、标点符号等）。
3. 掌握 C++程序的基本框架。
4. 能够使用 Visual C++6.0 集成开发环境编辑、编译、运行与调试程序。

二、数据类型、表达式和基本运算

1. 掌握 C++数据类型（基本类型，指针类型）及其定义方法。
2. 了解 C++的常量定义（整型常量，字符常量，逻辑常量，实型常量，地址常量，符号常量）。
3. 掌握变量的定义与使用方法（变量的定义及初始化，全局变量，局部变量）。
4. 掌握 C++运算符的种类、运算优先级和结合性。
5. 熟练掌握 C++表达式类型及求值规则（赋值运算，算术运算符和算术表达式，关系运算符和关系表达式，逻辑运算符和逻辑表达式，条件运算，指针运算，逗号表达式）。

三、C++的基本语句

1. 掌握 C++的基本语句，例如赋值语句、表达式语句、复合语句、输入、输出语句和空语句等。
2. 用 if 语句实现分支结构。
3. 用 switch 语句实现多分支选择结构。

4. 用 for 语句实现循环结构。

5. 用 while 语句实现循环结构。

6. 用 do .while 语句实现循环结构。

7. 转向语句(goto,continue,break 和 return)。

8. 掌握分支语句和循环语句的各种嵌套使用。

四、数组、指针与引用

1. 掌握一维数组的定义、初始化和访问,了解多维数组的定义、初始化和访问。

2. 了解字符串与字符数组。

3. 熟练掌握常用字符串函数(strlen,strcpy,strcat,strcmp,strstr 等)。

4. 指针与指针变量的概念,指针与地址运算符,指针与数组。

5. 引用的基本概念,引用的定义与使用。

五、掌握函数的有关使用

1. 函数的定义方法和调用方法。

2. 函数的类型和返回值。

3. 形式参数与实际参数,参数值的传递。

4. 变量的作用域和生存周期。

5. 递归函数。

6. 函数重载。

7. 内联函数。

8. 带有默认参数值的函数。

六、熟练掌握类与对象的相关知识

1. 类的定义方式、数据成员、成员函数及访问权限(public,private,protected)。

2. 对象和对象指针的定义与使用。

3. 构造函数与析构函数。

4. 静态数据成员与静态成员函数的定义与使用方式。

5. 常数据成员与常成员函数。

6. this 指针的使用。

7. 友元函数和友元类。

8. 对象数组与成员对象。

七、掌握类的继承与派生知识

1. 派生类的定义和访问权限。

2. 继承基类的数据成员与成员函数。

3. 基类指针与派生类指针的使用。

4. 虚基类。

5. 子类型关系。

八、了解多态性概念

1. 虚函数机制的要点。

2. 纯虚函数与抽象基类,虚函数。

3. 了解运算符重载。

九、模板

1. 简单了解函数模板的定义和使用方式。

2. 简单了解类模板的定义和使用方式。

十、输入输出流

1. 掌握 C++流的概念。

2. 能够使用格式控制数据的输入输出。

3. 掌握文件的 I/O 操作。

考试方式

上机考试,考试时长 120 分钟,满分 100 分。

1. 题型及分值

单项选择题 40 分(含公共基础知识部分 10 分)、操作题 60 分(包括基本操作题、简单应用题及综合应用题)。

2. 考试环境

Microsoft Visual C++6.0。

附录五:江苏省高等学校计算机等级考试一级计算机信息技术及应用考试大纲(2015年版)

考核要求

1. 掌握计算机信息处理与应用的基础知识。
2. 能比较熟练地使用操作系统、网络及 OFFICE 等常用的软件。

考试范围

一、计算机信息处理技术的基础知识

1. 信息技术概况。

(1) 信息与信息处理基本概念。

(2) 信息化与信息社会的基本含义。

(3) 数字技术基础:比特、二进制数,不同进制数的表示、转换及其运算,数值信息的表示。

(4) 微电子技术、集成电路及 IC 的基本知识。

2. 计算机组成原理。

(1) 计算机硬件的组成及其功能;计算机的分类。

(2) CPU 的结构;指令与指令系统;指令的执行过程;CPU 的性能指标。

(3) PC 机的主板、芯片组与 BIOS;内存储器。

(4) PC 机 I/O 操作的原理;I/O 总线与 I/O 接口。

(5) 常用输入设备(键盘、鼠标器、扫描仪、数码相机)的功能、性能指标及基本工作原理。

(6) 常用输出设备(显示器、打印机)的功能、分类、性能指标及基本工作原理。

(7) 常用外存储器(硬盘、光盘、U 盘)的功能、分类、性能指标及基本工作原理。

3. 计算机软件。

(1) 计算机软件的概念、分类及特点。

(2) 操作系统的功能、分类和基本工作原理。

(3) 常用操作系统及其特点。

(4) 算法与数据结构的基本概念。

(5) 程序设计语言的分类和常用程序设计语言;语言处理系统及其工作过程。

4. 计算机网络。

（1）计算机网络的组成与分类；数据通信的基本概念；多路复用技术与交换技术；常用传输介质。

（2）局域网的组成、特点和分类；局域网的基本原理；常用局域网。

（3）因特网的组成与接入技术；网络互连协议 TCP/IP 的分层结构、IP 地址与域名系统、IP 数据包与路由器原理。

（4）因特网提供的服务；电子邮件、即时通讯、文件传输与 WWW 服务的基本原理。

（5）网络信息安全的常用技术；计算机病毒防范。

5. 数字媒体及应用。

（1）西文与汉字的编码；数字文本的制作与编辑；常用文本处理软件。

（2）数字图像的获取、表示及常用图像文件格式；数字图像的编辑、处理与应用；计算机图形的概念及其应用。

（3）数字声音获取的方法与设备；数字声音的压缩编码；语音合成与音乐合成的基本原理与应用。

（4）数字视频获取的方法与设备；数字视频的压缩编码；数字视频的应用。

6. 计算机信息系统与数据库。

（1）计算机信息系统的特点、结构、主要类型和发展趋势。

（2）数据库系统的特点与组成。

（3）关系数据库的基本原理及常用关系型数据库。

（4）信息系统的开发与管理的基本概念，典型信息系统。

二、常用软件的使用

1. 操作系统的使用。

（1）Windows 操作系统的安装与维护。

（2）PC 硬件和常用软件的安装与调试，网络、辅助存储器、显示器、键盘、打印机等常用外部设备的使用与维护。

（3）文件管理及操作。

2. 因特网应用。

（1）IE 浏览器：IE 浏览器设置，网页浏览，信息检索，页面下载。

（2）文件上传、下载及相关工具软件的使用（WinRAR、迅雷下载、网际快车等）。

（3）电子邮件：创建账户和管理账户，书写、收发邮件。

（4）常用搜索引擎的使用。

3. Word 文字处理。

（1）文字编辑：文字的增、删、改、复制、移动、查找和替换；文本的校对。

（2）页面设置：页边距、纸型、纸张来源、版式、文档网格、页码、页眉、页脚。

（3）文字段落排版：字体格式、段落格式、首字下沉、边框和底纹、分栏、背景、应用模板。

（4）高级排版：绘制图形、图文混排、艺术字、文本框、域、其他对象插入及格式设置。

（5）表格处理：表格插入、表格编辑、表格计算。

（6）文档创建：文档的创建、保存、打印和保护。

4. Excel 电子表格。

（1）电子表格编辑：数据输入、编辑、查找、替换；单元格删除、清除、复制、移动；填充柄的使用。

（2）公式、函数应用：公式的使用；相对地址、绝对地址的使用；常用函数（SUM、AVERAGE、MAX、MIN、COUNT、IF）的使用。

（3）工作表格式化：设置行高、列宽；行列隐藏与取消；单元格格式设置。

（4）图表：图表创建；图表修改；图表移动和删除。

（5）数据列表处理：数据列表的编辑、排序、筛选及分类汇总；数据透视表的建立与编辑。

（6）工作簿管理及保存：工作表的创建、删除、复制、移动及重命名；工作表及工作簿的保护、保存。

5. PowerPoint 演示文稿。

（1）基本操作：利用模板制作演示文稿；幻灯片插入、删除、复制、移动及编辑；插入文本框、图片、SmartArt 图形及其他对象。

（2）文稿修饰：文字、段落、对象格式设置；幻灯片的主题、背景设置、母版应用。

（3）动画设置：幻灯片中对象的动画设置、幻灯片间切换效果设置。

（4）超链接：超级链接的插入、删除、编辑。

（5）演示文稿放映设置和保存。

6. 综合应用。

（1）Word 文档与其他格式文档相互转换；嵌入或链接其他应用程序对象。

（2）Excel 工作表与其他格式文件相互转换；嵌入或链接其他应用程序对象。

（3）PowerPoint 嵌入或链接其他应用程序对象。

三、考试说明

1. 考试方式为无纸化网络考试，考试时间为 90 分钟。

2. 软件环境：中文版 Windows XP/Windows 7 操作系统，Microsoft Office 2010 办公软件。

3. 考试题型及分值分布：

（一）基础知识题（共 45 分，每题 1 分）

（1）单选题

（2）判断题

（3）填空题

（二）应用操作题

（1）Word 操作题（20 分）

（2）Excel 操作题（20 分）

（3）PowerPoint 操作题（15 分）

附录六：江苏省高等学校计算机等级考试二级 Visual Basic 考试大纲（2015 年版）

一、计算机信息技术基础知识

考核要求

1. 掌握以计算机、多媒体、网络等为核心的信息技术基本知识。
2. 具有使用常用软件的能力。

考试范围

1. 信息技术的基本概念及其发展，包括信息技术、信息处理系统、信息产业和信息化；微电子技术、通信技术和数字技术基础知识等。

2. 计算机硬件基础知识。包括：计算机的逻辑结构及各组成部分的功能，CPU 的基本结构，指令与指令系统的概念；PC 的物理组成，常用的微处理器产品及其主要性能，PC 的主板、内存、I/O 总线与接口等主要部件的结构及其功能，常用 I/O 设备的类型、作用、基本工作原理，常用外存的类型、性能、特点、基本工作原理等。

3. 计算机软件基础知识。包括：软件的概念、分类及其作用；操作系统的功能、分类、常用产品及其特点；程序设计语言的分类及其主要特点，程序设计语言处理系统的类型及其基本工作方式；算法与数据结构的基本概念；计算机病毒的概念和防治手段。

4. 计算机网络与因特网基础知识。包括：计算机网络的组成与分类，数据通信的基本概念和常用技术，局域网的特点、组成、常见类型和常用设备；因特网的发展、组成、TCP/IP 协议、主机地址与域名系统、接入方式、网络服务及其基本工作原理，Web 文档的常见形式及其特点；影响网络安全的主要因素及其常用防范措施。

5. 数字媒体基础知识。包括：数值信息在计算机中的表示方法；常用字符集（如 ASCII、GB2312—80、GBK、Unicode、GB18030 等）及其主要特点，文本的类型、特点、输入/输出方式和常用的处理软件；图形、图像、声音和视频等数字媒体信息的获取手段、常用的压缩编码标准、文件格式和常用的处理软件。

6. 信息系统与数据库基础知识。包括：信息系统的基本结构、主要类型、发展趋势，数据模型与关系数据库的概念，软件工程的概念，信息系统开发方法。

7. PC 操作使用的基本技能。包括：PC 硬件和常用软件的安装与调试，常用辅助存储器和 I/O 设备的使用与维护，Windows 操作系统的基本功能及其操作，互联网常用的服务及操作，Microsoft Office 软件的基本功能及操作。

二、Visual Basic 程序设计

考核要求

1. 了解、掌握 Visual Basic 的基础知识、语法规则、常见控件的用法和使用他进行程序界面设计及程序编写的方法。

2. 能正确阅读、理解及完善 Visual Basic 程序，并较为熟练地运用 Visual Basic 编写完整的应用程序，掌握调试、运行的方法，具有一定的分析和解决实际计算问题的能力和基本思维。

考试范围

1. Visual Basic 的基本概念。

（1）面向对象程序设计的基本概念：对象、属性、方法、事件及事件驱动。

（2）开发 Visual Basic 应用程序的一般步骤。

（3）Visual Basic 相关文件及扩展名：工程文件. vbp、窗体文件. frm 及模块文件. bas；不同文件中包含的内容。

2. Visual Basic 的界面设计。

（1）创建窗体。

① 窗体的常用属性：Name（名称）、Caption、BorderStyle、Enabled、Font、BackColor、ForeColor、Left、Top、Width、Height、Visible、Picture；窗体名称的多种表示。

② 常用的窗体方法：Print、Cls、Show、Hide、Refresh、Move；与绘图相关的窗体方法：PSet、Line、Circle、PaintPicture。

③ 常用的窗体事件：Activate、Deactivate、Click、DblClick、Initialize、Load、Unload、ReSize；窗体启动时，事件的触发顺序；窗体关闭时，事件的触发顺序。

④ 窗体的显示与隐藏。

⑤ 窗体装载与卸载语句 Load、Unload。

（2）控件的公用属性、事件和方法。

① 公用属性：Name（名称）、Alignment、Caption、Enabled、Font、Left、Top、Width、Height、Visible、Index、TabIndex；设计时属性、运行时属性、设计运行时属性；属性之间的互斥或互联关系。

② 公用方法：Move、Refresh、SetFocus。

③ 公用事件：鼠标事件 Click、DblClick、MouseDown、MouseUp；键盘事件 KeyDown、KeyPress、KeyUp；其他事件 GotFocus、LostFocus。

（3）常用控件的特性及应用。

① 文本框（TextBox）：Text、PasswordChar，MultiLine 属性；Change 事件。

② 标签（Label）：Alignment、AutoSize 属性。

③ 命令按钮（CommandButton）：Cancel、Default、Style、Picture 属性。

④ 单选按钮（OptionButton）、复选框（CheckBox）及框架（Frame）：Value 属性。

⑤ 列表框（ListBox）：List、ListCount、ListIndex、Text、Sorted、Selected 属性；AddItem、Clear、RemoveItem 方法。

⑥ 组合框（ComboBox）：Style、Text 属性；AddItem、Clear、RemoveItem 方法。

⑦ 图片框（PictureBox）与图像（Image）控件：AutoSize、Image、Picture 属性；Cls、Circle、Line、PSet、PaintPicture 方法。

⑧ 定时器（Timer）：Interval 属性。

⑨ 滚动条（HScrollBar、VScrollBar）：Value、Max、Min、LargeChange、SmallChange 属性；Change、Scroll 事件。

⑩ 图形控件：Line 的 X1、Y1、X2、Y2 属性；Shape 的 Shape 属性。

（4）定制窗体菜单：创建下拉菜单和弹出式菜单。

3. Visual Basic 语言基础。

（1）程序代码的组织方式：过程（事件过程、通用过程）与模块（窗体模块、标准模块及类模块）。

（2）程序代码的书写规则及代码的缩进，一条语句分多行书写；一行书写多条语句。

（3）数制与数据类型；溢出（表示范围）与误差（精度）、数据的存储长度。

（4）不同类型常量的表示方法，系统内置常量、用户自定义常量的声明。

（5）变量：变量命名；全局变量、局部变量和静态变量的显示/隐式声明与用法；变量作用域；同名变量。

（6）数组：数组命名及声明；数组类型、数组结构；数组元素；固定大小数组与动态数组；数组重定义；数组的下标越界问题；ReDim 语句（Preserve 关键字用法）Erase 语句；控件数组。

（7）运算符与表达式：

① 算术运算：算术运算符 ^、* 、/、\、Mod、＋、－；算术运算符的优先级；/和\ 运算的差异；算术表达式；参与运算的数据类型和结果数据类型。

② 关系运算：关系运算符 >、>=、<、<=、<>；关系表达式；参与运算的数据类型和结果数据类型。

③ 逻辑运算：逻辑运算符 Not、And、Or、Xor；逻辑运算符的优先级；逻辑表达式。

④ 字符串运算：& 和＋；参与运算的数据类型和结果数据类型。

⑤ 复杂表达式中各种运算的优先级。

⑥ 数学表达式与 VB 表达式的异同。

4. Visual Basic 的基本语句。

（1）注释语句及注释符的用法。

（2）结束语句 End。

（3）说明语句：常量说明语句；变量说明语句；数组说明语句。

（4）Option 语句：Option Explicit、Option Base；窗体/模块的通用声明处可使用的语句。

（5）顺序结构语句。

① 赋值语句：相同类型与不同类型数据之间的转换与赋值。

② 数据的输入与输出：通过 TextBox 的 Text 属性实现数据的输入与输出；通过 InputBox 函数实现数据输入；通过 Form、PictureBox 的 Print 方法实现数据的输出；通过 ListBox 的 AddItem 方法实现数据输出。

（6）分支结构语句。

① If-Then-Else-End If 结构语句及多种变形形式。

② Select Case 结构语句；测试项与测试表达式。

（7）循环结构语句。

① Do-Loop 结构语句；先判断后循环与先循环后判断；Exit Do 语句。

② For-Next 结构语句；For 循环的执行机制；For Each-Next 结构语句；Exit For 语句。

③ 语句的嵌套。

④ 初始化语句的位置。

5. 公共函数。

（1）算术函数：Rnd( )、Abs( )、Sqr( )、Sin( )、Cos( )、Tan( )、Atn( )、Exp( )、Log( )、Sgn( )、Hex( )、Oct( )。

（2）字符串函数：Asc( )、Chr( )、LCase( )、UCase( )、Left( )、Len( )、Trim( )、Mid( )、Right( )、Space( )、String( )、InStr( )。

（3）日期及时间函数：Time( )、Date( )、Now( )、Day( )、Month( )、Year( )、WeekDay( )。

（4）转换函数：Str( )、CStr( )、Val( )、Chr( )、Asc( )、CInt( )、Fix( )、Int( )、CBool( )、CByte( )、CDate( )、CDbl( )。

（5）用户交互函数：InputBox( )、MsgBox( )。

（6）数组函数：Array( )、UBound( )、LBound( )。

（7）格式化函数：Format( )。

6. 过程设计。

（1）Sub 过程（事件 Sub 过程及通用 Sub 过程）的定义及调用。

（2）Function 过程的定义及调用。

（3）Sub 过程与 Function 过程的异同。

（4）过程调用时的数据传递（形实结合）：按数值传递、按地址传递、简单变量参数、数组参数、对象参数的传递。

（5）Exit Sub 与 Exit Function 语句。

（6）递归过程。

（7）模块级变量及全局变量的应用。

（8）多窗体工程的设计，程序启动对象的设置。

7. 文件操作。

（1）文件的基本概念：文件的存取方式及文件类型；文件的基本操作步骤（打开、读/写及关闭）。

（2）基本文件操作控件（驱动器列表控件、文件夹列表控件、文件列表控件）及通用对话框控件的添加与应用。

（3）常用文件操作语句（Open、Close、Reset、Seek）及文件操作函数（EOF( )、FileLen( )、FreeFile( )、LOF( )、Loc( )、Seek( )）；顺序文件、随机文件及二进制文件的打开、读/写及关闭。

8. 程序调试

（1）错误的类型。

（2）编辑、运行、中断三种状态。

(3) 中断死循环(Ctrl-Break);单步执行(F8);断点设置和删除。

(4) 监视窗口(监视表达式)、立即窗口(Debug. Print)、本地窗口。

9. 应当掌握的一般算法。

(1) 基本操作:交换、累加、累乘、数字/字符分解、求因子、求素数、求最大/最小值、求最大公约数、求最小公倍数、进制转换、无重/去重。

(2) 非数值计算常用经典算法:穷举、排序(选择法、插人法、冒泡法)、归并(或合并)、查找(顺序法、二分法)。

(3) 数值计算常用经典算法。

① 级数计算(递推法)、一元非线性方程求根(牛顿迭代法)。

② 一元非线性方程求根(半分区间法)。

(4) 解决各类问题的一般算法。

三、考试说明

1. 考试方式为无纸化网络考试,考试时间为 120 分钟。

2. 软件环境:中文版 Windows XP/Window 7 操作系统,Microsoft Visual Basic 6.0。

3. 考试题型及分值分布:

第一部分　计算机信息技术基础知识

选择题(共 20 分,每题 2 分)

第二部分　Visual Basic 程序设计

(一) 选择题(共 10 分,每题 2 分)

(二) 填空题(共 20 分,每空 2 分)

(三) 操作题(共 50 分)

(1) 完善程序(共 12 分)

(2) 改错题(共 16 分)

(3) 编程题(22 分)

附录七：江苏省高等学校计算机等级考试二级 Visual C++考试大纲(2015 年版)

一、计算机信息技术基础知识

考核要求

1. 掌握以计算机、多媒体、网络等为核心的信息技术基本知识。
2. 具有使用常用软件的能力。

考试范围

1. 信息技术的基本概念及其发展，包括信息技术、信息处理系统、信息产业和信息化；微电子技术、通信技术和数字技术基础知识等。

2. 计算机硬件基础知识。包括：计算机的逻辑结构及各组成部分的功能，CPU 的基本结构，指令与指令系统的概念；PC 的物理组成，常用的微处理器产品及其主要性能，PC 的主板、内存、I/O 总线与接口等主要部件的结构及其功能，常用 I/O 设备的类型、作用、基本工作原理，常用外存的类型、性能、特点、基本工作原理等。

3. 计算机软件基础知识。包括：软件的概念、分类及其作用；操作系统的功能、分类、常用产品及其特点；程序设计语言的分类及其主要特点，程序设计语言处理系统的类型及其基本工作方式；算法与数据结构的基本概念；计算机病毒的概念和防治手段。

4. 计算机网络与因特网基础知识。包括：计算机网络的组成与分类，数据通信的基本概念和常用技术，局域网的特点、组成、常见类型和常用设备；因特网的发展、组成、TCP/IP 协议、主机地址与域名系统、接入方式、网络服务及其基本工作原理，Web 文档的常见形式及其特点；影响网络安全的主要因素及其常用防范措施。

5. 数字媒体基础知识。包括：数值信息在计算机中的表示方法；常用字符集(如 ASCII、GB2312—80、GBK、Unicode、GB18030 等)及其主要特点，文本的类型、特点、输入/输出方式和常用的处理软件；图形、图像、声音和视频等数字媒体信息的获取手段、常用的压缩编码标准、文件格式和常用的处理软件。

6. 信息系统与数据库基础知识。包括：信息系统的基本结构、主要类型、发展趋势，数据模型与关系数据库的概念，软件工程的概念，信息系统开发方法。

7. PC 操作使用的基本技能。包括：PC 硬件和常用软件的安装与调试，常用辅助存储器和 I/O 设备的使用与维护，Windows 操作系统的基本功能及其操作，互联网常用的服务及操作，Microsoft Office 软件的基本功能及操作。

二、Visual C++程序设计

考核要求

1. 了解、掌握 Visual C++语言基础知识、语法和使用它进行编程的方法。

2. 能较熟练地应用 Visual C++软件进行程序的编写,掌握调试、运行的方法,并能解决实际的计算问题。

考试范围

1. Visual C++的基本概念。

(1) 源程序的格式、风格和程序的结构。

(2) 常量表示法(字符和字符串常量,短整型、整型和长整型数,实数(float)和双精度实数(double))。

(3) 各种类型变量的说明及其初始化。

(4) 运算符与表达式。

① 算术运算、逻辑运算、关系运算、++和——运算、三目条件运算符。

② 运算符的优先级、结合规则和目数的概念。

③ 类型的自动转换和强制类型转换。

④ 表达式的组成,左值和赋值,逻辑表达式的求值优化。

2. Visual C++的基本语句。

(1) 顺序结构。

① 表达式语句、空语句和复合语句。

② 基本数据类型的输入和输出(cin 和 cout)。

(2) 选择结构。

① 单选条件语句和双选条件语句。

② switch 语句。

(3) 重复结构(for 语句、while 语句和 do .while 语句)。

(4) break 和 continue 语句。

3. 构造类型和指针类型数据。

(1) 构造类型数据:一维数组和二维数组,结构体和共同体(联合体)。

① 构造类型变量的说明及初始化。

② 构造类型变量成员(元素)的使用。

(2) 指针与引用。

① 指针与地址的概念,取地址运算符 &。

② 指针变量的定义、初始化。

③ 指针的运算。

④ 指针与数组(指向一维数组的指针,指向二维数组的行指针),指针与结构体,指针与函数,指针数组,二级指针。

⑤ new 与 delete 的应用。

⑥ 引用的概念，引用和指针作为函数参数的应用。

⑦ 单向链表的处理。

4. 函数。

(1) 函数的定义及调用。

(2) return 语句和函数返回值。

(3) 参数的三种传递方式：值传递、地址传递和引用传递。

(4) 递归函数的定义及调用。

(5) 内联函数与函数的重载。

5. C++的编译预处理。

(1) 编译预处理的概念和特点。

(2) 宏定义与宏调用，无参宏与有参宏的应用。

(3) 文件包含的概念。

6. 对象与类。

(1) 对象和类的基本概念。

(2) 数据成员和成员函数。

① 区分公有、私有和保护成员。

② 成员函数的重载。

③ this 指针的概念与应用。

(3) 类的构造函数和析构函数。

① 构造函数的概念及作用。

② 析构函数的概念及作用。

③ 类型转换构造函数和拷贝构造函数及其应用。

(4) 类与结构体的异同。

(5) 派生类及其应用。

① 继承和派生类的概念。

② 初始化基类成员的方法。

③ 支配规则和赋值兼容性。

④ 虚基类的应用。

(6) 虚函数的概念，虚函数的应用。

(7) 运算符重载及其应用。

① 用成员函数重载运算符的方法。

② 用友元函数重载运算符的方法。

③ 要求掌握能重载的运算符有：＋＋、－－、＋、－、＊、/、＝、＋＝、－＝、＊＝、/＝、<<（插入运算符）、>>（提取运算符）。

7. 文件的使用。

(1) 文件的概念和文件的用法。

(2) 文本文件的使用方法（顺序读写）。

(3) 二进制文件的使用方法（顺序读写）。在文件的使用方面，要求能掌握用构造函数打开文件和用成员函数 open( )打开文件的方法，以及以下几个成员函数的用法：close( )、getline( )、read( )、write( )、eof( )。

8. 常用的库函数。

（1）常用的数学函数（头文件 math. h）：abs( )、fabs( )、sin( )、cos( )、tan( )、asin( )、acos( )、atan( )、exp( )、sqrt( )、pow( )、fmod( )、log( )、log10( )。

（2）字符串处理函数（头文件 string. h）：strcmp( )、strcat( )、strcpy( )、strlen( )。

（3）字符处理函数（头文件 ctype. h）：isalpha( )、isdigit( )。

9. 常用的算法。

（1）非数值计算的算法：穷举、排序（冒泡法、插人法、选择法）、归并（或合并）、查找（线性法、折半法）。

（2）数值计算的算法。

① 级数计算（递推法）、一元非线性方程求根（牛顿迭代法）、矩阵转置和矩阵的运算。

② 一元非线性方程求根（半分区间法）、定积分计算（梯形法、矩形法），使用函数递归调用实现递归求值。

三、考试说明

1. 软件环境：Windows XP/Window 7 操作系统，Microsoft Visual C++6.0。

2. 考试方式为无纸化网络考试，考试时间为 120 分钟。

3. 考试题型及分值分布：

第一部分　计算机信息技术基础知识

选择题（共 20 分，每题 2 分）

第二部分　Visual C++程序设计

（一）选择题（共 10 分，每题 2 分）

（二）填空题（共 20 分，每空 2 分）

（三）操作题（共 50 分）

（1）完善程序（共 10 分）

（2）程序改错（共 20 分）

（3）程序编程题（20 分）

参考文献

[1] 薛雁丹. 计算机应用基础实验教程. 北京：人民邮电出版社，2013.

[2] 郑宇，翟双灿. 计算机信息技术实践教程. 北京：高等教育出版社，2011.

[3] 李凌，张华. 大学计算机基础实验教程. 四川：西南财经大学出版社，2014.